Experimental Aerodynamics
An Introductory Guide

实验空气动力学概论

[法] 布鲁诺·查兹（Bruno Chanetz）
[法] 吉恩·德利瑞（Jean Délery）
[法] 帕特里克·吉里隆（Patrick Gilliéron） 著
[法] 帕特里克·格尼米（Patrick Gnemmi）
[法] 欧文·R.戈雷（Erwin R. Gowree）
[法] 菲利普·佩里尔（Philippe Perrier）

范召林　吴继飞　洪兴福　李国帅　陈　植
牛　璐　肖楚璠　王晓冰　马　上　向光伟　译
夏洪亚　杨　茵　文　波

国防工业出版社
·北京·

著作权合同登记　图字:01-2023-1104号

内 容 简 介

本书首先介绍了低速到高超声速各种类型风洞设计和运行中的重要科学与工程问题,涵盖了空气动力学研究领域采用的实验技术相关的最新信息;其次探讨了实验与数值模拟融合使用的最新研究进展——计算机辅助风洞;最后,基于该学科的前瞻性愿景,对实验空气动力学进行了简要概述,并讨论了未来可能遇到的挑战。

本书可作为空气动力学研究生课程的教材,供航空航天和机械工程专业的学生使用,也可以作为空气动力学、航空和航天飞行器领域专业人员和工程师的学习参考书。

图书在版编目(CIP)数据

实验空气动力学概论/(法)布鲁诺·查兹
(Bruno Chanetz)等著;范召林等译. —北京:国防
工业出版社,2023.4
书名原文:Experimental Aerodynamics:An
Introductory Guide
ISBN 978-7-118-12932-8

Ⅰ.①实… Ⅱ.①布… ②范… Ⅲ.①实验空气动力学 Ⅳ.①V211.7

中国国家版本馆 CIP 数据核字(2023)第 046384 号

Originally published in French under the title
Aéodynamique expérimentale:souffleries et methods de mesure
by Bruno Chanetz, Jean Déléry, Patrick Gilliéron, Patrick Gnemmi, Erwin R. Gowree, Philippe Perrier
Copyright © Éditions Cépaduès, 2017
Translated from English version published by Springer Nature Switzerland AG in 2020
This edition has been translated and published under licence from éditions Cépaduès in cooperation with Springer Nature Switzerland AG.

版权所有,侵权必究

※

国防工业出版社出版发行

(北京市海淀区紫竹院南路23号　邮政编码100048)
北京龙世杰印刷有限公司印刷
新华书店经售

*

开本 710×1000　1/16　印张 18¾　字数 446 千字
2023 年 4 月第 1 版第 1 次印刷　印数 1—2000 册　定价 158.00 元

(本书如有印装错误,我社负责调换)

国防书店:(010)88540777　　书店传真:(010)88540776
发行业务:(010)88540717　　发行传真:(010)88540762

译者序

实验空气动力学是通过实验研究相对运动物体与空气相互作用时受力特性、绕流特性及物理化学变化规律的一门科学。它是发展各类航空航天飞行器最重要、最基础的学科之一。实验空气动力学的每一个新的发现或突破都可能导致飞行器性能的提升和更新换代，进而推动飞行器不断发展。

本书系统总结了最近几十年实验空气动力学在风洞设备及其实验技术上的最新进展，提出了融合风洞试验与数值模拟的"混合风洞"概念，深入探讨了实验空气动力学学科未来发展趋势以及将来可能面临的主要问题。本书第一作者 Bruno Chanetz 教授自 1983 年以来一直在法国宇航院工作，是法国宇航院 Meudon 分部的负责人，曾出版多部空气动力学专著。第二作者 Jean Délery 教授自 1964 年加入法国宇航院，参与负责了几乎所有法国和欧洲主要航空航天项目，目前是法国宇航院的名誉顾问，也是法国空气动力学学术委员会主席。其他作者也都是法国空气动力学界的知名专家、教授，本书是他们结合多年工程实践经验和教学科研成果的集大成之作，主要内容凝结了法国甚至世界航空航天学界多年的集体智慧结晶，得到了法国航空航天学会主席 Michel Scheller 的大力推荐。

本书选材新颖，内容翔实，数据丰富，具有很高的学术水平和工程应用价值，对拓宽我国风洞设计建设思路、完善风洞试验能力体系建设具有十分重要的借鉴意义。

本书分工如下：前言、目录和第 1~3 章由范召林、吴继飞翻译，第 4 章由马上、牛璐翻译，第 5、13、14 章由洪兴福、王晓冰、杨茵翻译，第 6、11、12 章由陈植、夏洪亚、文波、马上翻译，第 7、9、10 章由范召林、吴继飞、李国帅翻译，第 8 章由向光伟、肖楚瑶翻译，最后由范召林、吴继飞统一修改定稿，孔文杰、赵一迪、杨乐杰、蔡金延参与了本书的校对与修订工作。

限于译者的水平，书中出现的不妥和疏漏之处，欢迎读者批评指正，以便今后进一步修订完善。

译者
2022 年 6 月

序

我很荣幸,可以读到这本关于实验空气动力学的专著。

这本专著主要源于法国航空航天学会(3AF)空气动力学技术委员会内部的技术积累,是"集体智慧"的体现。

本书稿由吉恩·德利瑞统一组织实施,他怀着对教育的热情和浓厚兴趣管理该技术委员会,其品质得到了全世界的认可。

我推荐对该主题感兴趣或好奇的人阅读此书。

我们将发现空气动力学广泛多样的应用领域,以及实验设备的发展历史、最新技术及其不断增长的能力。读者会明白,几年前在实验研究与数值模拟之间引发的争论,不再有任何存在的理由:在丰富我们知识的同时,能将二者的物理现象完美互补,甚至是丰富。

负责开发新产品的工程师会在此书中找到帮助其工作成功所需的信息。

我希望更多人都能欣赏此书,也希望他们能够像我阅读此书时一样感到快乐并产生兴趣。

此专著一定会在工程师图书库中占有一席之地。

米歇尔·席勒
法国航空航天学会会长

前言

本书的写作目的是介绍空气动力学领域中常用的实验设施和技术。这对空中与地面运载工具、推进系统和发电系统的设计、土木工程行业以及更基础的环境流动研究都至关重要,但不仅限于此。空气动力学研究不仅针对飞行器性能和舒适性的改善,而且越来越多地关注地球大气中温室气体的排放及居民区附近的噪声。由于航空运输和地面运输需求的不断增加,温室气体的排放需要立即控制才能维持这一行业的长远发展,气动性能的改善无疑是一个前进的方向。本书还提供了有关空气动力学家所用方法和技术的最新资料,更广泛地涉及流体力学领域。本书尤其对过去40年里经历巨大改进的测量技术和仪器进行了大量的讨论。这些改进使我们能获得非常精确的诊断技术,从而增加我们对高度复杂流动特性的了解。这一显著发展可与计算流体动力学(CFD)领域取得的同样令人瞩目的进展相提并论。测量和仪器本身就是一个很有启发性的领域,在很大程度上得益于最先进的基础物理知识,主要是波动理论、光学和信号处理以及数学。然而,本书保留了通用性,希望更深入了解相关主题的读者可以参考测量技术领域更专业的文献。本书的目标读者包括希望开展实验空气动力学研究的研究生和工程师。

本书共14章。第1章和第2章简要介绍了实验空气动力学的目标和方法,以及涉及的相关问题和局限性,还对风洞和测量技术进行了大量的描述。本书不是现有实验设施的目录,而是介绍了法国和其他国家特定应用领域(航空、太空探索、汽车、铁路、能源生产、土木工程等)中一些最典型的风洞。但各种设施之间没有绝对的界定,如"航空"风洞也可用于测试地面运载工具或风力涡轮机。本书重点介绍了在设计、生产和运行过程中遇到的特殊问题,还介绍了从低亚声速到高超声速的各种模拟速度。适当的做法是区分工业风洞(通过测试缩比模型或全尺寸飞行器本身,可适当区分用于原型开发的工业风洞,以及专门用于详细研究分离、层流到湍流的转捩等特殊现象的研究型风洞)。但这两类设施之间可能存在重叠。

第3章讨论了亚声速风洞,同时介绍了大量满足航空、汽车和土木工程行业、能源生产等需求的设施。本章还介绍了研究恶劣天气(地面运载工具上的冰雪或飞机上的积冰)影响的设施。此外,还对气动声学风洞进行了广泛的研究,其目的是描述流经整个飞行器或单个部件(如飞机起落架、襟翼和操纵面、喷气式发动机、侧视镜或其他隔离面)的气流产生的噪声。

第 4 章所述的跨声速风洞是发展商业和商务航空,以及军用飞机,包括载人和无人战斗机(UCAV)的基础设备,因此占据了重要的战略地位。跨声速状态对于涡轮机械、喷气式发动机和高速列车隧道入口也具有重要影响。在接近声速运行时所产生的复杂流动现象面临的特殊设计和运行挑战,因此这些风洞在使用上相当有限。

第 5 章涉及超声速风洞,它涵盖了战斗机、导弹、弹药和空间发射器在地球大气层内飞行时所需的高速应用设计和优化。涉及超声速状态的其他应用包括以最大功率运行的发动机进气道、超声速进气道和喷嘴,以及因收敛和曲率较大而使流动迅速加速的其他情况。

第 6 章所述的高超声速风洞在军事应用方面(如超高速战术导弹、战略导弹和射弹的设计)再次引起了人们的极大兴趣。在空间发射器和探测领域,在飞行器重返地球大气层时以及在诸如火星和金星等其他大气层中,都会遇到这种情况。空间发射器在高空脱离地球大气层时也要着重关注。高超声速风洞试验的实现不仅要求产生高马赫数的流动,还要求产生高比能的流动。在重返大气层时遇到了非常高的速度,因此也存在较高的热力学效应。

本书重点介绍了流动的诊断和表征方法,包括第 7 章所述的非常有价值的流动可视化技术,以及第 8 章讨论的流动流体施加在飞行器上的气动力和力矩的测量方法。在大多数应用中,确定压力、表面摩擦和传热等是至关重要的,第 9 章重点介绍了这些技术。除了传统的测压孔测量壁面静压,还可以使用新型压敏漆(PSP)捕获较大模型区域(有时是整个模型)上的全局壁面压力分布,这种新型测量技术无须使用离散侵入式、昂贵且笨重的压力传感器和数据采集系统。传热的测量也取得了类似的进展,红外热像或温敏漆(TSP)等光学方法日益成熟。

目前,流动的局部特性(特别是压力和速度)仍然主要通过常规方法测定,如测量滞止压力和温度的压力探头或热电偶。热线仍广泛用于时均速度测量,同时,由于其响应时间非常短,热线也是测量速度波动和湍流尺度最可靠的技术,详见第 10 章。

第 11 章介绍了适用于流动特性(主要是速度)现场测量的非侵入式测量技术。这是本书的一个重要部分。随着低廉激光器的出现以及光电和数据处理领域的显著进步,这些流动表征方法经历了真正的突破。激光多普勒测速仪

(LDV)和粒子图像测速仪(PIV)一直是捕捉与解析复杂流动现象的重要手段,目前它们已在几乎所有的空气动力学实验室中得到普遍应用。

与激光多普勒测速仪和粒子图像测速仪不同的是,采用激光或电子束来激发气体分子/原子的技术促进了不需用示踪粒子来辅助流动测量的光谱测量技术的发展。光谱技术不仅可以获得气体特性(如压力、温度、密度),还可以获得反应流的速度和成分。这些技术广泛用于高超声速流动的研究,本书在第12章中会加以讨论。

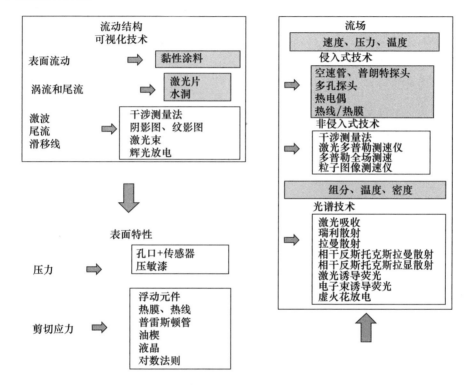

上图总结分析了流动时所使用的方法,包括全局流动结构的可视化、对力的全局测量,以及详细探究局部量的壁面特性。图中列出的方法是本书的主要内容。第13章将致力于通过持续研发构建一种将实验和数值模拟紧密结合的方法。这种创新方法通过考虑风洞试验产生的伪效应、补充测量结果并与CFD紧密结合,以优化模型设计、试验准备、风洞运行和结果解释。这就是计算机辅助风洞,通过数据重建或同化,在CFD的辅助下,根据分散的测量结果重建一个流场。该领域已有许多重要的研究进展。

第14章回顾了实验空气动力学的发展现状,尝试规划了该学科的发展愿景,并总结了未来几年将会面临的主要问题。

针对这样一个庞大的课题，很难制定一份详尽的参考书目。因此，本书只选择了实验空气动力学相关的一般出版物以及体现相关实验设施最新研究成果的出版物。就测量技术部分而言，读者可在更多的出版物中查阅更完整、详细的技术资料。

法国默东	布鲁诺·查兹
法国默东	吉恩·德利瑞
法国巴黎	帕特里克·吉里隆
法国圣路易斯	帕特里克·格尼米
法国图卢兹	欧文·R. 戈雷
法国巴黎	菲利普·佩里尔

作者简介

布鲁诺·查兹：自 1983 年以来一直担任法国国家航空航天研究中心（ONERA）的研究工程师。他拥有里昂第一大学的博士学位，并且随后担任研究主任（HDR）。他发表了许多关于高超声速空气动力学和等离子体研究的出版物。他负责 ONERA 默东风洞，此外，1996 年在巴黎中央理工学院负责边界层课程，2003 年任命为凡尔赛大学副教授，2009 年任命为巴黎第十大学副教授，至今仍在该校任教。

吉恩·德利瑞：作为 SUPAERO 的工程专业毕业生，德利瑞于 1964 年加入了 ONERA，并参与了当时法国和欧洲的主要航空航天项目。他是实验空气动力学领域的专家，发表了许多科学出版物和多本专著。他曾在凡尔赛大学、罗马大学、SUPARO 和巴黎综合理工大学任教，并担任研究主任（HDR）。目前是 ONERA 的名誉顾问和法国 3AF 空气动力学技术委员会主席。

帕特里克·吉里隆：作为一名空气动力学工程师，他拥有力学专业博士学位，并担任研究主任（HDR）。从事流动分离的分析、理解和控制工作超过 35 年，曾发表多篇国际出版物。1987—2001 年，在法国国立工艺学院（CNAM）担任助教，后任副教授。2002—2011 年，在雷诺研发部成立了一个"流体力学和空气动力学"研究小组。

帕特里克·格尼米：作为一名工程师，他拥有力学专业博士学位，并且担任研究主任（HDR）。他在法德圣路易斯研究所（ISL）工作了 35 年，负责研究直升机旋翼的气动声学、射弹和导弹（包括其制导方式）的气动热力学。目前，他负责 ISL 的空气动力学和室外弹道学研究小组，发表了数十本国际出版物。

欧文·R. 戈雷：ISAE – SUPAERO 应用空气动力学副教授。他拥有伦敦大学城市学院的空气动力学博士学位，并在该校做了几年的研究员，后来加入劳斯莱斯成为一名气动弹性专家。他的研究活动主要涉及实验空气动力学，重点研究流动稳定性和转捩，同时也涉足仿生空气动力学。他在 ISAE – SUPAERO 负责应用空气动力学和实验实践。

菲利普·佩里尔：毕业于巴黎中央理工学院，他在达索航空设计所工作了40余年。自20世纪70年代以来，他一直参与该公司所有飞机(从Falcon 50到Falcon 5X、Rafale和nEUROn)的气动设计。他曾是Rafale计划的技术总监和技术副总，主要负责气动设计。他还获得过法国航空勋章。

缩略词

3AF	Association Aéronautique et Astronautique de France (French Aeronautics and Astronautics Society)	法国航空航天学会
ACE	Aero Concept Engineering	ACE实验室
ALM	Additive Layer Manufacturing	加层制造技术
ASL	Airbus Safran Launchers	空客赛峰运载火箭公司
BETI	Bruit – Environment – Transport – Ingénierie	噪声 – 环境 – 运输 – 工程
CAD	Computer Aided Design	计算机辅助设计
CARS	Coherent Anti – Stokes Raman Scattering	相干反斯托克斯拉曼散射
CCA	Constant Current Anemometry	恒流型风速仪
CCD	Charge Coupled Device	电荷耦合器件
CD	Converging – Diverging	收缩 – 扩张型
CEA	Commissariat à l'énergie atomique et aux énergies alternatives (French Alternative Energies and Atomic Energy Commission)	法国原子能与可替代能源委员会
CEAT	Centre d'Etudes Aérodynamiques et Thermiques	空气动力学和热学研究中心
CFD	Computational Fluid Dynamics	计算流体动力学
CIRA	Centro Italiano Ricerche Aerospaziali	意大利航天航空研究中心
CNAM	Conservatoire National des Arts et Métiers	法国国立工艺学院
CNRS	Centre National de la Recherche Scientifique (French National Centre for Scientific Research)	法国国家科学研究中心
CROR	Counter Rotating Open Rotor	对转开式转子
CSTB	Centre Scientifique et Technique du Bâtiment (Scientific and Technical Centre for Building)	法国建筑科学技术中心
CTA	Constant Temperature Anemometry	恒温风速仪
CVA	Constant Voltage Anemometry	恒压风速仪
DARPA	Defence Advanced Research Projects Agency	美国国防高级研究计划局
DEHS	Di – Ethyl – Hexyl – Sebacate	癸二酸二乙基己酯
DES	Detached Eddy Simulation	分离涡模拟
DGA	French Defence Procurement Agency	法国国家采购局
DGV	Doppler Global Velocimetry	多普勒全场测速
DLCARS	Double – Line Coherent Anti – Stokes Raman Scattering	双线相干反斯托克斯拉曼散射
DLR	Deutsches Zentrum für Luft – und Raumfahrt	德国航空航天中心
DNS	Direct Numerical Simulation	直接数值模拟
DNW	Deutsch Niederländische Windkanäle	德国 – 荷兰风洞

续表

DSMC	Direct Simulation Monte-Carlo	直接模拟蒙特卡罗方法
EBF	Electron Beam Fluorescence	电子束-诱导荧光
EDF	Electricity of France	法国电力公司
EFD	Experimental Fluid Dynamics	实验流体动力学
ENSI	École Nationale Supérieure d'Ingénieurs	法国国立卡昂高等工程师学院
ENSMA	École National Supérieure de Mécanique et d'Aérotechnique	法国国立机械与航空技术大学
ESA	European Space Agency	欧洲航天局
ETW	European Transonic Wind Tunnel	欧洲跨声速风洞
GIE	Groupement d'Intérêt Économique (Economic Interest Group)	经济利益集团
GIE S2A	GIE Souffleries Aérodynamiques et Aéroacoustiques	经济利益集团空气动力学和气动声学风洞
HEG	High Enthalpy Göttingen	哥廷根高焓激波风洞
HSM	High Speed Machining	高速加工
IAT	Institut Aérotechnique (de Saint Cyr)	航空科技学院
ICARE	Institut de Combustion Aérothermique Réactivité et Environnement (Institute of Combustion Aerothermal Reactivity and Environment)	燃烧气动热力学与环境研究所
IMFT	Institut de Mécanique des Fluides de Toulouse (Fluid Mechanics Institute of Toulouse)	图卢兹流体力学研究所
IR	Infrared Thermography	红外热成像法
ISAE	Institut Supérieur de l'Aéronautique et de l'Espace (National Higher French Institute of Aeronautics and Space)	法国国立高等航天航空学院
ISL	Institut franco-allemand de recherches de Saint-Louis (French-German Research Institute of Saint-Louis)	法德圣路易斯研究所
IUSTI	Institut Universitaire des Systèmes Thermiques Industriels (Institute of Industrial Thermal Systems at the University of Marseille)	马赛大学工业热系统研究所
IWT	Icing Wind Tunnel	结冰风洞
JAXA	Japan Aerospace Exploration Agency	日本宇宙航空研究开发机构
LBM	Lattice Boltzmann Method	格子玻耳兹曼方法
LDA	Laser Doppler Anemometry	激光多普勒风速仪
LDV	Laser Doppler Velocimetry	激光多普勒测速仪
LES	Large Eddy Simulation	大涡模拟

续表

缩略词	英文	中文
LIF	Laser–Induced Fluorescence	激光诱导荧光
LMFA	Laboratoire de Mécanique des Fluides et d'Acoustique (Laboratory of Fluid Transfer and Acoustics)	流体传递与声学实验室
MDM	Model Deformation Measurement	模型变形测量
MHD	Magneto–Hydro–Dynamique	磁流体动力学
OES	Optical Emisson Spectrum Technology	发射光谱技术
ONERA	Office National d'Etudes et de Recherches Aérospatiales (French National Aerospace Research Centre)	法国国家航空航天研究中心
PIV	Particle Image Velocimetry	粒子图像测速仪
PLIF	Planar Laser–Induced Fluorescence	平面激光诱导荧光
POD	Proper Orthogonal Decomposition	本征正交分解
PMMA	Polymethyl Methacrylate	聚甲基丙烯酸甲酯
PPRIME	Institut PPRIME: Pôle Poitevin de Recherche pour l'Ingénieur en Mécanique, Matériaux et Énergétique (PPRIME Institute: Research and Engineering in Materials, Mechanics and Energetics)	材料、力学和能量学研究所
PRISME	Pluridisciplinaire de Recherche en Ingénierie des Systèmes, Mécanique et Énergétique (Multi–field Research Laboratory in System Engineering, Mechanics and Energetics)	系统工程、力学与能量学多领域研究
PROME TEE	PROgramme et Moyens d'Essais pour les Transports, l'Énergie et l'Environnement	运输、能源和环境试验方案和手段
PSP	Pressure–Sensitive Paint	压敏漆
PTV	Particle Tracking Velocimetry	粒子跟踪测速仪
PWT	Plasma Wind Tunnel	等离子体风洞
RANS	Reynolds Averaged Navier–Stokes	雷诺平均纳维尔–斯托克斯方程
RMS	Root Mean Square	均方根
S2A	Souffleries Aéroacoustiques Automobiles (Full–Scale Aero–acoustic Wind Tunnels)	全尺寸气动声学风洞
SBS	Spray Bar System	喷杆系统
SIBREF	Soft in–Bore REcovery Facility	软件筒回收设施
SVL	Soufflerie Longue Veine (Long Test Section Wind Tunnel)	长试验段风洞
THBV	Low–velocity Hydrodynamic Tunnel	低速水动力风洞

续表

TAMU	Texas Axl M University	得克萨斯农工大学
TPS	Thermal Protection System	防热系统
TPS	Turbine Power Simulator	涡轮动力模拟器
TR-PIV	Time-Resolved Particle Image Velocimetry	时间分辨粒子图像测速仪
TSP	Temperature-Sensitive Paint	温敏漆
UAV	Unmanned Aerial Vehicle	无人机
UCAV	Unmanned Combat Aerial Vehicle	无人战斗机
UPSP	Unsteady Pressure-Sensitive Paint	非定常压敏漆
VG	Vortex Generator	涡流发生器

目　录

第 1 章　空气动力学设计中的实验方法 ………………………………………… 1
　1.1　空气动力学介绍 ………………………………………………………… 1
　1.2　理论综述 ………………………………………………………………… 6
　1.3　数值方法的限制和约束 ………………………………………………… 10
　1.4　风洞试验的约束条件 …………………………………………………… 11
　1.5　模型变形 ………………………………………………………………… 12
　1.6　工业空气动力学试验：试验与数值模拟的结合 ……………………… 13
　1.7　飞行试验 ………………………………………………………………… 14
　　　1.7.1　飞行试验台 …………………………………………………… 14
　　　1.7.2　弹射飞行试验 ………………………………………………… 16
　　　1.7.3　航空弹道学飞行试验 ………………………………………… 17
　1.8　高空模拟试验间 ………………………………………………………… 19
　　　1.8.1　海拔影响 ……………………………………………………… 19
　　　1.8.2　高空试验间的工作 …………………………………………… 20
　　　1.8.3　除地面试验外，高空模拟试验的益处 …………………… 22

第 2 章　风洞和其他空气动力学试验设施 …………………………………… 24
　2.1　风洞背景 ………………………………………………………………… 24
　　　2.1.1　风洞原理 ……………………………………………………… 24
　　　2.1.2　埃菲尔式或直流式风洞 ……………………………………… 25
　　　2.1.3　普朗特式或回流式风洞 ……………………………………… 26
　2.2　从风洞试验到现实 ……………………………………………………… 27
　2.3　雷诺数效应与层流-湍流转捩 ………………………………………… 29
　2.4　动力学相似性和无量纲参数 …………………………………………… 30
　2.5　风洞试验的限制与约束 ………………………………………………… 31
　　　2.5.1　试验段阻塞的影响 …………………………………………… 31
　　　2.5.2　模型安装和各类支架 ………………………………………… 32

2.5.3　自由流涡扰动和声扰动 …………………………………………… 37
　2.6　风洞的主要部分 ……………………………………………………………… 37
　2.7　风洞模型的设计与制造 ……………………………………………………… 40

第3章　亚声速风洞 …………………………………………………………………… 46
　3.1　航空亚声速风洞 ……………………………………………………………… 46
　　3.1.1　法国历史上的亚声速风洞 …………………………………………… 46
　　3.1.2　圆形-八角形截面风洞 ………………………………………………… 49
　　3.1.3　低雷诺数风洞 ………………………………………………………… 50
　　3.1.4　多试验段风洞 ………………………………………………………… 51
　　3.1.5　低湍流度研究型风洞 ………………………………………………… 53
　　3.1.6　增压亚声速风洞 ……………………………………………………… 54
　　3.1.7　大尺寸研究型风洞 …………………………………………………… 57
　3.2　专用风洞 ……………………………………………………………………… 60
　　3.2.1　立式风洞 ……………………………………………………………… 60
　　3.2.2　气候风洞 ……………………………………………………………… 61
　　3.2.3　结冰风洞 ……………………………………………………………… 63
　　3.2.4　消声室和气动声学风洞 ……………………………………………… 65
　　3.2.5　气动和声学两用风洞 ………………………………………………… 72
　3.3　用于地面运载工具的风洞 …………………………………………………… 73
　　3.3.1　规范 …………………………………………………………………… 73
　　3.3.2　长试验段风洞 ………………………………………………………… 73
　　3.3.3　全尺寸汽车风洞 ……………………………………………………… 75
　3.4　水洞 …………………………………………………………………………… 80
　　3.4.1　一般说明 ……………………………………………………………… 80
　　3.4.2　低速水洞 ……………………………………………………………… 82
　　3.4.3　用于极谱测量的水动力风洞 ………………………………………… 83

第4章　跨声速风洞 …………………………………………………………………… 85
　4.1　跨声速状态的定义 …………………………………………………………… 85
　4.2　减少和消除流动阻塞 ………………………………………………………… 86
　　4.2.1　孔壁或槽壁 …………………………………………………………… 86
　　4.2.2　自适应壁 ……………………………………………………………… 87

4.2.3　扰动反射 ··· 89
　　　4.2.4　双喉道扩散段 ·· 90
　4.3　典型的跨声速风洞 ··· 90
　　　4.3.1　超大型跨声速风洞 ··· 90
　　　4.3.2　研究型跨声速风洞 ··· 92
　　　4.3.3　跨超声速风洞 ·· 94
　　　4.3.4　低温增压风洞欧洲跨声速风洞 ································· 96

第5章　超声速风洞 ··· 99
　5.1　收缩-扩张喷管 ·· 99
　5.2　确定超声速喷管的型面 ·· 101
　5.3　典型的超声速风洞 ·· 104
　　　5.3.1　主要研究型超声速风洞 ··· 104
　　　5.3.2　低湍流超声速风洞 ·· 106
　　　5.3.3　跨声速/超声速开口射流风洞 ································· 108
　　　5.3.4　大型可变马赫数风洞 ··· 109
　　　5.3.5　下吹式跨声速/超声速风洞 ··································· 112
　5.4　马赫数6静风洞 ·· 113

第6章　高超声速风洞 ·· 117
　6.1　高超声速风洞类型 ·· 117
　6.2　高超声速"低温"风洞 ·· 118
　6.3　高超声速"高温"或高焓风洞 ··· 122
　　　6.3.1　热射式风洞 ··· 122
　　　6.3.2　激波管和激波风洞 ·· 124
　　　6.3.3　高焓激波风洞 ··· 127
　　　6.3.4　等离子体风洞 ··· 130
　　　6.3.5　连续等离子体风洞 ·· 134
　　　6.3.6　其他等离子体设备 ·· 138

第7章　流动显示技术 ·· 144
　7.1　流动显示技术的早期贡献 ··· 144
　7.2　表面流动显示 ··· 146

7.2.1　表面油流流动显示 …………………………………… 146
7.2.2　升华法 ……………………………………………… 148
7.3　水洞内的流动显示 …………………………………………… 149
7.4　激光断层摄影或激光片光流动显示技术 …………………… 150
7.5　光学成像流动显示技术 ……………………………………… 151
7.5.1　纹影和阴影技术 …………………………………… 151
7.5.2　干涉测量法 ………………………………………… 155
7.5.3　差分干涉测量法 …………………………………… 155
7.6　短时曝光流动显示 …………………………………………… 157
7.7　感应光发射的可视化 ………………………………………… 157
7.7.1　辉光放电法 ………………………………………… 157
7.7.2　电子束 – 诱导荧光 ………………………………… 158

第 8 章　气动力和力矩的测量 …………………………………… 159
8.1　气动力和力矩 ………………………………………………… 159
8.2　空气动力天平 ………………………………………………… 161
8.2.1　力和应变计 ………………………………………… 161
8.2.2　杆式测力天平 ……………………………………… 163
8.2.3　直接力值测量的测力天平 ………………………… 165
8.2.4　地面运载工具专用天平 …………………………… 168
8.3　通过尾流测量测定阻力 ……………………………………… 170

第 9 章　表面流动特性表征 ……………………………………… 172
9.1　流体对壁面的作用 …………………………………………… 172
9.2　壁面压力测量 ………………………………………………… 173
9.2.1　压力扫描系统 ……………………………………… 173
9.2.2　压力传感器类型 …………………………………… 175
9.2.3　灵敏度和响应时间 ………………………………… 177
9.3　压敏漆 ………………………………………………………… 178
9.3.1　PSP 的测量原理及组成 …………………………… 178
9.3.2　压力与发光强度的关系 …………………………… 180
9.3.3　PSP 的主要应用领域 ……………………………… 180
9.3.4　PSP 领域的发展 …………………………………… 182

9.4 表面摩擦力测量 ································· 183
9.4.1 浮动元件天平 ······························ 183
9.4.2 表面热膜仪 ································ 184
9.4.3 斯坦顿和普雷斯顿管 ························ 184
9.4.4 油膜干涉测量法 ···························· 184
9.4.5 液晶热成像法 ······························ 186
9.4.6 基于湍流边界层对数定律的平差 ·············· 186
9.5 壁面传热测量 ····································· 187
9.5.1 量热技术 ···································· 187
9.5.2 热敏涂料 ···································· 189
9.5.3 红外热成像法 ································ 190
9.6 模型变形测量 ····································· 193

第 10 章 侵入式测量技术 ································ 195
10.1 固体探测器:优点和局限性 ······················· 195
10.2 压力探头 ··· 196
10.2.1 用皮托管测量滞止压力或总压 ················ 196
10.2.2 皮托静压管或普朗特管 ······················ 197
10.2.3 求解速度矢量方向的多孔探针 ················ 199
10.3 温度探头 ··· 200
10.4 热线和热膜风速仪 ································ 202
10.4.1 基本原理 ···································· 202
10.4.2 热线风速仪的模式 ·························· 203
10.4.3 热线探头的类型 ···························· 203
10.4.4 应用 ·· 204

第 11 章 非侵入式测量技术 ······························ 206
11.1 非侵入式技术的基本原理 ························· 206
11.2 干涉测量法 ······································· 207
11.2.1 光干涉和折射率 ···························· 207
11.2.2 马赫-曾德尔干涉测量法 ···················· 209
11.2.3 全息干涉测量法 ···························· 210
11.3 光散射机制 ······································· 211

11.4 激光多普勒测速仪或风速仪 ·· 212
   11.4.1 基本原理 ·· 212
   11.4.2 信号分析 ·· 213
   11.4.3 工作模式 ·· 214
   11.4.4 多分量测量 ··· 215
   11.4.5 流动粒子播撒 ·· 216
11.5 多普勒全场测速 ·· 217
11.6 粒子图像测速仪 ·· 219
   11.6.1 平面 PIV 的基本原理 ·· 219
   11.6.2 图像处理 ·· 220
   11.6.3 三分量立体 PIV ··· 222
   11.6.4 层析 PIV 或三维 PIV ·· 223
   11.6.5 粒子跟踪测速仪 ··· 224
   11.6.6 时间分辨粒子图像测速仪 ·· 225
   11.6.7 PIV 与 LDV 的比较：简短结论 ···································· 226

第 12 章 激光光谱和电子束激励 ·· 227
12.1 基本原理 ·· 227
12.2 激光吸收光谱 ·· 229
12.3 瑞利散射 ·· 230
12.4 拉曼散射 ·· 231
12.5 受激拉曼散射 ·· 231
12.6 激光诱导荧光 ·· 233
12.7 电子束-诱导荧光 ·· 235
12.8 电子束诱导辉光放电测量 ·· 236
12.9 通过电子束激励探测 X 射线发射 ·· 236

第 13 章 计算机辅助风洞试验与分析 ·· 238
13.1 风洞试验与数值分析 ··· 238
13.2 将 CFD 用于风洞试验准备 ·· 240
13.3 用 CFD 对风洞试验结果进行修正和监测 ······························ 241
13.4 发展混合风洞 ·· 243
13.5 数据重构 ·· 245

第 14 章　空气动力学的前景与挑战 …………………………………… 248
　14.1　风洞在设计和优化中的作用 ……………………………………… 248
　14.2　流动控制 ……………………………………………………………… 250
　14.3　气动声学测量的发展 ………………………………………………… 252
　14.4　探索新型飞机结构 …………………………………………………… 254
　14.5　超声速和高超声速飞行 ……………………………………………… 255
　14.6　空气动力学设计的展望 ……………………………………………… 257
　14.7　空气动力学与教学 …………………………………………………… 259

参考文献 ………………………………………………………………………… 261

推荐书目 ………………………………………………………………………… 262

第1章
空气动力学设计中的实验方法

1.1 空气动力学介绍

空气动力学是对物体绕流的研究,研究对象通常是空中或地面运载工具,但也包括局部结构、涡轮机叶片和转子、风力涡轮机,或在更多的情况下,如自行车和其他运动设备的绕流。事实上,任何与固体表面接触的流体都会施加法向和切向力,对整个物体作用力产生的合力称为气动力。施加这种合力的作用点称为压心,根据经验法则,压心与施加重力的物体重心不重合。力的这两个作用点会诱导产生一个气动力矩,使物体围绕其重心旋转。空气动力学的一个主要目标是确定气动力及其力矩的分量。

气动合力根据与飞行器飞行方向相关的坐标轴系进行分解:气动力可以分

解成与飞行器运动方向相反的阻力以及其他分量。阻力必须通过推进装置（图1.1）或相反方向上的重力分量(如滑翔机)进行补偿。

图1.1 作用在飞行器上的力(来源:达索航空公司)

　　阻力是物体在推进过程中消耗能量最多的分量。升力是垂直于飞行方向或来流的分量。升力需要很少的能量或根本不需要能量,可用于补偿重力和操纵性。绝大多数的空中和地面运载工具都有一个对称平面,在正常运行时该平面通常垂直于地面。然后在该对称平面上分解气动力:升力和阻力在对称平面上,垂直于对称平面的第三个分量称为侧向力。升力定义了飞机的承载能力,这种承载能力一般称为有效载荷(乘客数量、货物质量)。在汽车应用中,行驶车辆的颠簸效应可能产生升力,但也可能影响车辆在高速行驶时的接地性能,并产生不必要的阻力。在F1比赛中,当目标高速转弯时,我们需要寻找一个零升力甚至负升力。

　　阻力决定了保持运载器运行所需的推进力,这是决定燃料消耗的重要信息。侧向力是对运载器稳定性起重要作用的气动力分量之一。例如,阵风或侧风产生的侧向力对汽车操纵性的影响。气动力矩对运载器或局部结构部件的稳定性也至关重要。前文介绍了压心变化的概念,这是气动力变化的作用点。压心和重心的相对位置决定了运载器的稳定性条件。

　　除有效控制阻力和升力外,为了计算结构的变形量,空气动力学研究还必须预测物体上施加的局部作用力,特别是表面压力。结构变形改变了飞行器绕流流场,而流动对结构施加的气动载荷也随之变化,它们之间的相互影响是流固耦合问题的根源,这种耦合会导致发生颤振等严重情况,风暴吹垮塔科马悬索桥事件便是其中一个著名案例。这种现象是大多数空气动力学领域(包括压缩机/涡轮叶片、直升机和风力涡轮叶片)需要关心的一个问题,它将我们带到了气动弹性领域。

气动声学主要研究空气动力学与声学之间的相互作用。该领域的研究重点是减少湍流边界层、飞行器某些部位产生的流动分离、射流以及由螺旋桨、直升机旋翼和风力涡轮机所产生的。气动噪声也是陆地车辆需要关心的重要问题,气动噪声水平甚至会超过时速300km的火车和时速120km的汽车所发出的滚动噪声。在飞机进场阶段,发动机低速运行,气动噪声往往占主导地位,尤其是起落架产生的气动噪声。图1.2给出了运输机的主要噪声源。流动与飞行器壁面之间的对流和/或辐射传热属于气动热或气动热力学领域范畴。在高超声速飞行中,飞行器在重返大气层的过程中会受到强烈的加热作用,因此传热在高超声速飞行中起着至关重要的作用。相反,气流可被用于冷却散热器或换热器中的高温零件。

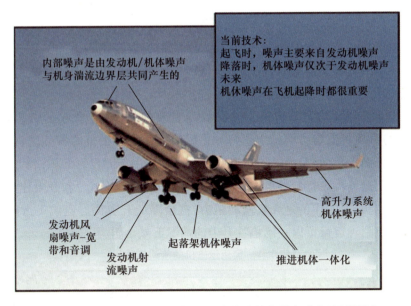

图1.2 运输机的噪声源(来源:流体传递与声学实验室(LMFA))

在军事应用中,战斗机、直升机的机身以及发动机电磁波反射和红外辐射被用于探测其存在,并将其锁定为导弹目标。隐身(战斗机逃脱探测手段的能力)要求飞行器具有非常特殊的外形,这需要我们重新考虑它们的空气动力学设计。图1.3所示为作战无人机或UCAV。

图1.3　UCAV,《神经元》(来源:达索航空公司)

在追求能耗节约的过程中,空气动力学的影响也是相当大的。这有助于减少影响环境的有害气体排放,或减少飞机产生的噪声。实现上述目标需要优化飞行器气动设计,尤其是减阻。

定义无量纲气动力系数是十分必要和有效的,气动力系数是用来流动压 $(1/2\,\rho V^2)$ 和飞行器参考面积之积归一化后的气动力。飞机的参考面积通常选用机翼的平面形状面积,而陆地车辆或钝头体则使用正面投影面积,表1.1给出了表征民用运输机飞行特性的阻力系数(C_D)、升力系数(C_L)和升阻比(L/D)。起飞时,提高升力的代价是大幅增加阻力,这会降低升阻比。巡航飞行中,在最大升阻比点附近运行可以在不牺牲升力的情况下减小阻力。

表1.1　民用运输机的气动系数

运输机类型	巡航			起飞		
	C_L	C_D	L/D	C_L	C_D	L/D
亚声速运输机	0.50	0.027	18.5	1.50	0.130	11.5
超声速运输机	0.12	0.012	10.0	0.40	0.045	8.9

地面运载工具的阻力系数 C_D 如表1.2所示,其中阻力 D 由运载工具的正面投影面积进行无量纲化计算。

表1.2　陆地车辆的阻力系数

车辆类型	正面投影面积 S/m^2	C_D	$S \times C_D/m^2$
小轿车	1.8	0.30	0.54
小型货车	2.6	0.50	1.30
拖车	9.0	0.90	8.10
一级方程式赛车	1.6	0.90	1.44
摩托车	0.7	0.90	0.63
自行车	0.5	1.00	0.50

图1.4给出了水平路面匀速行驶车辆耗散功率随速度的变化曲线。气动力引起的耗散功率明显大于轮胎与地面之间摩擦力引起的耗散功率。从图1.4(b)可知，空气动力学的影响很快占主导地位：当时速达到50km时，气动阻力造成了50%的能量损失，当时速达到130km时，造成的损失达到了85%。

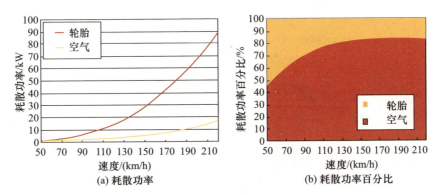

图1.4　汽车水平路面匀速行驶的耗散功率及百分比

在铁路运输中，空气动力学在高速列车领域同样起着关键作用。运行时速为300km的高速列车，其气动阻力占总阻力的80%。对于2007年4月2日达到创纪录575km时速的列车，气动阻力比重增加到90%。阻力的重要性使我们必须精细地评估高速列车的空气动力学特性，并确定阻力的主要来源，如前滑架、转向架、滑架间距、受电弓等产生的阻力。图1.5比较了高速列车与传统Corail列车(时速小于300km)的运行阻力；通过更精细的气动设计可以实现更小的运行阻力。

一般来说，空气动力学是一门研究气态流体运动的科学。许多其他领域也会涉及空气动力学，如通风和空调系统、天气预报、土木工程中的建筑物和构筑物(图1.6)、金属铸造以及制造业中的各种工业生产过程；生物医学应用、心血管和复苏术。

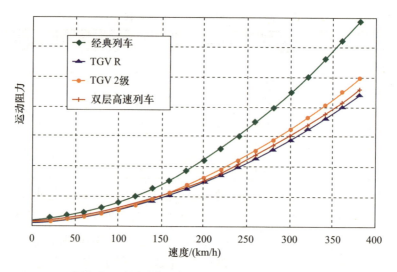

图1.5 不同列车运行阻力的比较(来源:SNCF)

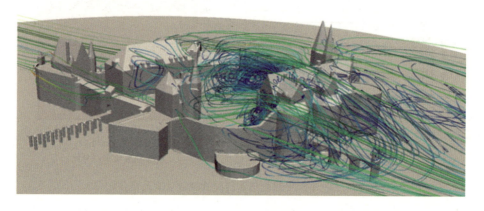

图1.6 布列塔尼公爵城堡的风效应研究(来源:法国建筑科学技术中心(CSTB))

在推进和能源生产领域(汽车内燃机、飞机喷气式发动机、火力发电厂的涡轮发电机、风力涡轮机),空气动力学也起着关键的作用。在某些机器中,流体可以达到超声速。

1.2 理论综述

纳维尔-斯托克斯方程定义了流体中运动物体空气动力特性的数学表达式,本书不再详细介绍。根据力学和热力学基本原理,这些方程包括质量、运动(牛顿定律)和总能量(内能和动能之和)的演化项,并辅以反映黏度和传热影响的定律。

这些方程通常没有简单的解析解,但可以结合局部简化函数(主要基于一些对工程应用有效的假设)求解,这是计算机流体建模或 CFD 的主要目标。这些函数必须遵守流体中多个控制点的纳维尔－斯托克斯方程,因为存在尺度大小不一的复杂流动,导致控制点的数量通常达到几百万个,有时甚至达到几十亿个。同时,这些函数还必须考虑表征物体固体壁面的边界条件和远离物体的远场条件。因此,需要对飞行器周围的空间进行网格划分,这是一项十分复杂且耗时的过程。图 1.7 给出了一个网格划分示例,显示了某公务机机身和对称平面截面上的网格。

图 1.7　用有限元法计算公务机绕流的网格(来源:达索航空公司)

初始条件和边界条件是求解纳维尔－斯托克斯方程的基本条件。因此,计算域具有明确的物理边界,通常边界条件定义为飞机与大气接触的壁面,但也可以在定义的计算域内对可透气壁进行数学建模。固体壁面上的流场满足动力学条件和热力学条件:第一个是无滑移条件,模拟了空气与壁面之间的黏性;第二个是与预设的温度和/或热流相关。透气壁面上的边界条件必须认真阐述,以避免引入虚假的非物理效应。

高空飞行器重返大气层时穿过的极低压气流中,空气的分子间距或分子平均自由程与飞行器的长度尺度相当,不能再处理为连续介质。此时,不能再使用由纳维尔－斯托克斯方程表征的连续模型,需要采用离散方法,如直接模拟蒙特卡罗方法(DSMC)。所谓的稀薄效应使用克努森数进行量化(见 2.4 节)。为了描述连续状态与稀薄状态之间的中间状态,可以使用纳维尔－斯托克斯方程,并允许流体在壁面上有一定的滑移。关于这一点,本书不做讨论。

在"航空"高度内(即 20km 以下),分子平均自由程小于 1μm,远小于尺度为几米的飞行器(表 1.3),满足流体的连续性假设,纳维尔－斯托克斯方程是有效的。在 70km 处,平均自由程约为 1mm,这对于再入飞行器来说虽不是很小,但除某些强膨胀流动区域外,仍然可以将空气视为一种连续介质。飞行高度超过100km时,平均自由程与飞行器的长度相当,空气连续介质假设不再有效。

表1.3　大气层中的分子平均自由程

高度/km	λ/m
20	10^{-6}
70	10^{-3}
110	1
150	10

根据量纲分析,连续介质模型的物理量可由4个基本物理量定义,即合适的长度单位、给定参考状态下的密度 ρ、温度 T 和速度 V。为了衡量方程中不同物理量的相对权重,通常会引入额外的参考物理量。例如,若我们对反映惯性力、压力和黏性平衡的运动方程感兴趣,则可以引入两个新的参考物理量:一个是压力项 ρV^2 或密度项 ρ,另一个是黏性项 $\rho V L$。通过在动量方程中引入这两个附加项,可以获得在空气动力学中非常重要的两个无量纲参数,即

(1) 马赫数 $Ma = V/a$,速度 V 与当地声速 a 之比。

(2) 雷诺数 $Re = \rho V L/\mu$,惯性力与黏性力之比,其中 μ 是流体的分子黏性或动黏度。

这两个无量纲参数是实际风洞试验状态外推至飞行状态(或反之亦然)的关键相似参数(见2.4节)。

如图1.8所示,飞机和车辆的空气动力学的特点是雷诺数非常高(几百万),这反映了空气的低黏性特性。

因此,对于一架空客A380巡航时的雷诺数(基于机翼的平均气动弦长)约为7000万。该值较大,因此纳维尔-斯托克斯方程的某些项可以忽略不计,我们可以认为整个流动几乎是一个"理想"的流体。忽略黏性和热传导,流动可用一组简化的方程(称为欧拉方程)来模拟。然后,在速度和/或温度变化非常大的某些限定区域(边界层和/或混合层、尾流)则需要对黏性效应(摩擦、热传导)建模,以补偿(欧拉方程)极低的黏性和/或热传导。这些限定区域主要有两种类型,其区别取决于速度是沿主流方向变化,还是沿垂直于壁面的方向变化。第一种情况对应的是激波区或激波层,其厚度与雷诺数成反比;第二种情况对应的是壁面和尾迹处的边界层,其厚度与雷诺数的平方根(层流情况)或幂(湍流情况)成反比。海拔高度为20km时,若飞行器的马赫数为10,则激波的厚度是分子平均自由程的量级,这对几米长的飞行器而言非常小。但在150km处,在相同的马赫数下,平均自由程约为10m。因此,激波的厚度约等于飞行器的尺寸。

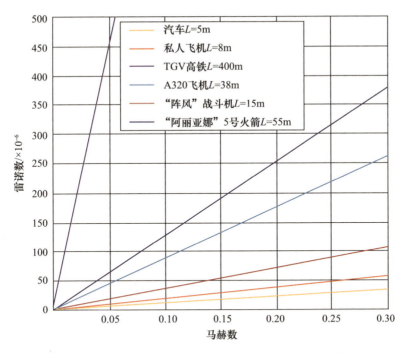

图1.8 基于飞行器长度 L 的雷诺数，动黏度等于 15×10^{-6} m²/s

欧拉方程是一阶方程，其模拟了与无扩散（通过速度和声波输运能量）的非线性传播现象对应的物理特性。当气流为亚声速时，由气流引起的扰动向扰动源的上下游传播，称为椭圆传播。例如，当飞机进场或飞离时，地面的观察人员能感觉到飞机在亚声速飞行时发出的噪声。当气流为超声速时，扰动在双曲线条件下仅向下游传播；此时，同样的观察者无法感受到以超声速向其飞来的飞机发出的声音。欧拉方程具有允许间断解的特性：激波和接触间断（滑移线）。流体粒子经过激波时，其熵和压力都会增加。对于垂直于流动方向的驻激波而言，激波上游的速度为超声速，下游为亚声速。在滑移线上，流体粒子在间断面的两侧滑动，其熵能够在压力连续的情况下进行任意跃迁。接触间断和激波都是极端情形；一方面是壁面边界层和尾迹，另一方面是雷诺数趋于无穷大时的激波层。

在极高的雷诺数下，会由于流动的不稳定性出现进一步的困难。随着雷诺数的增加，物面的流动可从层流状态（在这种状态下，流动几乎是二维定常流）向非定常和有着三维涡结构的混沌湍流状态转换。湍流的特征是大涡和小涡之间的能量级联，能量从大涡结构中提取，并传递到小涡结构中，耗散为热量。因此，我们可以认为能量从一个与极高雷诺数 Re 相关联的尺度 L，传递到被称为

"科尔莫戈罗夫尺度"的最小尺度,这一尺度特征是雷诺数约为1。对湍流中的涡结构的数值模拟会随着雷诺数的增加而变得更加复杂,这是因为雷诺数的增大会使涡结构进一步变小。因此,即使在对湍流建模时进行一些简化或近似,也必须考虑雷诺数对流动特性的影响。

在雷诺数极高(百万量级或更高)的情况下,雷诺平均纳维尔-斯托克斯方程(RANS)统计方法是目前大多数工程空气动力学研究中最常用的方法。当雷诺数较小(10万量级)时,湍流结构的尺度增大,我们可以采用大涡模拟(LES)方法非常精确地描述最大的湍流结构。该方法基于大涡和小涡分离的思想,对大尺度的涡进行数值模拟,对未解析的小尺度涡进行建模。LES方法要模拟附着边界层,需要极大地细化网格。LES方法中已经发展了一种中间方法,即分离涡模拟(DES),该方法仅在流动分离时才进行LES。计算资源的飞速发展(摩尔定律)使得这些工具被气动设计部门用于全机构型的设计中,并且很有可能在不到10年的时间内被广泛地使用。

直接数值模拟(DNS)不存在湍流建模问题,因为它求解了完整的瞬时纳维尔-斯托克斯方程,一般假设其能够代表湍流运动,一直到最小的尺度。实际上,这一约束使网格变得极密,因此计算时间非常长,并且计算时间随雷诺数的增加而迅速增加。目前,其应用仅限于模拟基础的空气动力学问题。尽管现在计算机性能有所提高,但DNS仍然不是解决工业应用问题的可行工具。

另一种方法(目前仅限于不可压缩流动)是20世纪80年代中期引入的格子玻耳兹曼方法(LBM)。该方法将流体模拟为一组粒子,同时表示表征其轨迹的所有物理量,即长度、速度和时间。粒子可以自由地在晶格或由称为节点的点组成的规则网格上运动,并根据两步法推断出位移量。第一步是将速度的分布函数与每个节点关联起来;第二步是模拟粒子间的碰撞。目前,这种方法主要用于汽车行业。

1.3 数值方法的限制和约束

直到最近,数值方法的验证主要是通过将计算结果与整体气动力和壁面特性(主要是表面压力)的实验测量结果进行比较来完成的。对于许多研究来说,这种验证方法已经足够了。基于经验方法或简化模型的传统数值方法,仅能预测壁面特性,如压力、表面摩擦力、热通量和飞行器的整体性能。这些方法还可以让我们对整体的流场有一定的了解,如预测分离区的大小和分离点的位置,但这些信息或多或少属于定性信息。随着基于求解纳维尔-斯托克斯方程的理论模型或通过简化这些方程而形成的低阶模型的出现,流动预测的范围发生了变化。很明显,这种方法是唯一能够计算复杂流动(包含激波和膨胀波、流动分离区和涡结构)的方法,这些耗散区在几乎所有现实情况下都呈湍流状态。该方法不仅计算了壁面特性,还计算了流场中的其他量,包括平均速度和完全湍流场。然而,目前求解纳维尔-斯托克斯的方法仍存在争议,其在数值方法和物理建模方面依然有许多难点,特别是在全湍流场的预测方面困难重重。因此,计算代码被用于设计之前必须对其进行验证。

虽然壁面特性的预测仍然是大多数计算方法的一个基本目标,但升力、阻力以及在某些情况下壁面温度是工程中最为关心的物理量,因此我们很快发现,单纯比较壁面特性不足以验证大多数先进的数值方法。纳维尔-斯托克斯(方程的)代码通常可以提供似乎可靠且令人印象深刻的空气动力流场结构。但仔细观察结果就会发现,(预测)情况离完全令人满意仍有一段距离。所以,良好的壁面特性预测结果仍可能存在较差的速度场定量描述。数值计算方法中,分离区的范围常常被低估,偶尔才能被准确预测。此外,湍流量的预测也不准确,尤其是流动存在大范围分离的情况下。这些差异使得数值计算方法的有效性受到质疑,因为它们表明了数值方法或者湍流模型,甚至是两者均存在一定的缺陷。相反,一个令人满意的速度场预测结果也可能伴随着与实际情况存在巨大差异的壁面特性(如表面摩擦和热传导)计算结果。

在某些应用中,外流的远场特性是研究与关注的重点。例如,红外特征的情况下,详细描述热推进射流所产生马赫盘的精确位置是至关重要的。空气污染研究需要对流场进行良好的预测,以便对化学反应、组分浓度和污染物扩散进行适当的评估。对载具噪声的预测也是如此,气动噪声水平预测和来源分析是气动装置(设计)的一个重要问题(见 3.2 节)。从协和式飞机的音爆中得到的一个教训是,对于超声速飞机而言,传播到地面的激波来源及其控制是一个关键问题。

1.4 风洞试验的约束条件

为了验证上述数值技术,需要采用各种各样的实验手段进行测量,但这些技术的可靠性、易用性或准确性都显著不同。在实际应用中,在同一模型上或在同一风洞或实验室中进行几种类型的测量通常非常具有挑战性。事实上,使用尖端技术来进行这些测量是非常复杂的,因此通常需要高度专业化的实验团队,并使用特定的设备进行测量。为了验证数值模型的有效性,通常需要多种实验方法实现多物理量测量,首先测量气动力、压力和温度分布,然后用其他技术对平均流场和湍流流场进行更复杂的测量,如果在可压缩流动的条件下,很可能需要第三种技术来测量流场的密度。

然而,近40年来测量技术的进步,包括基于激光光学方法的出现,使我们在分析含有激波、强膨胀、剪切层、旋涡结构和回流区等复杂流动的能力方面有了真正的突破。

在风洞(或任何类似装置)中进行实验也是一种流动模拟。风洞会重现飞行器运行时的类似环境,一般来说,试验模型要比全尺寸飞行器小得多。如上所述,再现由雷诺数所量化的黏性效应是非常重要的,小比例模型和真实飞行器上的黏性效应应该是相同的。其他相似参数(如压缩性效应的马赫数、热传导的普朗特数、混合组分的刘易斯数、稀薄效应的克努森数)也必须守恒(见2.4节)。在高超声速研究中,建议使用与实际气体的组分和热力学性质相同的气体。并不是所有的特征数都能在同时复现,必须使用不同的设施模拟飞行器所遇到的不同流动条件,而且有些条件在地面设施中无法再现。

在大多数风洞试验中,需要特别关注雷诺数和马赫数,且实际应用中的气体(在这种情况下是指空气)与风洞中的气体是相同的。然而,在侧重于复杂空气动力现象物理特性的验证研究中,雷诺数并不像之前所强调的那样关键。事实上,在充分发展的湍流状态下,雷诺数对流动的特性影响较小。在很大程度上,主要的影响参数是分离前的边界层特性(速度和湍流度分布)。雷诺数对上游边界层发展的影响是一种历程效应,而非局部效应。在雷诺数方面,有许多研究结果支持这种准独立性,如三角翼上涡的形成、涡破裂、基本流、激波诱导分离、空腔流动等。重要的是使上游流动达到既定的湍流状态,并对边界层进行精确定义。对物理特性的进一步研究表明,若分离区延伸的范围较小,则边界层的厚度是合适的特征长度。若流动分离进一步扩大,则应取距分离点的距离为特征尺度,这时初始边界层的影响可以被忽略。

1.5 模型变形

关于试验或计算另一个重要典型问题是几何一致性。通常小比例模型只能代表整体形状,无法复现表面缺陷级别的细节(如螺钉、铆钉、结构连接件),而这些缺陷级别的细节对于同一飞行器的不同生产版本也会有所不同。通用构型本身就很难定义,如空客A380的翼尖在飞行过程中会偏转几米,这会极大地改变机翼周围的流动，从而改变飞机的配平特性。风洞模型也不是无限刚性的，风洞试验接近飞行雷诺数时通常需要较大的动压，此时模型将承受较高的气动载荷，必然会发生偏转和变形。因此，将风洞测量结果外推到实际飞行条件下是一个复杂的问题，复杂度甚至高于实现动力学相似。在风洞试验中，已经开发出了模型变形测量(MDM)技术，并把这一技术用于模型变形测量结果到基准几何构型的转换（见 9.6 节）。在飞行过程中，不同飞行条件下气动表面形状的精确识别仍然是一个难题，通常只能通过气动弹性建模的方式来解决。在 CFD 计算中，几何外形是已知且可控的，但很少与飞行中的真实几何外形相一致，因为实际几何外形本身是随飞行条件的变化而变化的。

理论上可以设计出与运行中飞行器变形程度相同的柔性模型。在实际应用中，在复杂模型上实现这种效果是不可行的，但可以在简化模型上实现，从而研究气动弹性耦合临界现象，如颤振和力响应。这类模型价格昂贵，并且需要非常特殊的试验流程。在对地面运载工具(通常是全尺寸原型机)进行试验时很少会遇到这些困难。但对于非常大型的地面运载工具或结构，如火车和其他非常大型的载具，包括船舶或建筑物，仍然需要缩比模型。

1.6　工业空气动力学试验：试验与数值模拟的结合

在 21 世纪初，随着计算资源的飞速发展，数值模拟方法有了巨大进步。RANS 方法在工业界被广泛地用以处理复杂几何外形。这些方法具有明确的使用范围，让设计师有机会在汽车、飞机、动力和涡轮机械行业中，通过数值模拟进行相当程度的设计工作。然而，这种方法有其局限性，如难以精确预测强相互作用区、曲面分离区或大规模流动分离区。此外，汽车和航空航天行业竞争激烈，需要在高超声速飞行、主动流动控制或全新几何构型等方面进行概念创新，而这些概念上的创新可能涉及数值工具未充分验证的物理现象。因此，为了验证能够处理全新物理现象的数值工具，或将数值方法与实验方法结合运用(见第 13 章)，有必要在设计阶段便进行风洞试验。

我们以吸气式高超声速飞行器的飞行为例，动力系统的高耦合性使得很难通过将推力和阻力解耦的方式来确定气动推进平衡。此时，设计师面临的情况是，不仅很难进行完全表征真实飞行的地面风洞试验，而且计算手段的验证也由于机身必须与动力系统解耦而存在缺陷。可见，开发一种能在设计的各个阶段均能将数值模拟和试验紧密结合的方法是很有必要的。工程师必须在更基础的层面上应用这种方法,从而解决超高空飞行和高马赫数下的边界层转捩问题(验证转捩机制的静风洞试验见 5.4 节),而不仅仅是在航空推进系统评估等整体层次上应用。在航空推进系统的评估中,可以通过耦合外部流动、内部流动、燃烧室和喷管的计算进行评估,也可以通过自由射流装置中的试验(通常代表部分飞行条件)进行评估。

对于更为传统的运载工具来说,风洞仍然是一种非常有效且可靠的模拟表征手段。风洞试验确实可以在相对合理的时间内获得数值模拟难以获得的大量数据。然而,试验方法会由于支撑效应、壁面效应、雷诺数修正和模型变形(仅举几个例子)等改变真实飞行的近似处理而受到影响。我们想强调一个事实,即试验方法和数值模拟都不是达到目的的最终手段,实际上它们是互补的,如果合理综合使用,可以帮助我们尽可能接近实际(见第 13 章)。

1.7 飞行试验

1.7.1 飞行试验台

在这里,我们不考虑新机性能测试以及客机交付前航程确定的飞行试验,而是主要考虑将飞机用作飞行试验平台,不是在有约束的风洞中进行试验,而是在更接近真实飞行条件下进行试验。这有助于再现飞行状态下的雷诺数和极低的自由来流湍流度,这是验证减阻技术(如自然层流或混合层流控制)的基本手段。从第 2 章和第 5.4 节可以看出,风洞产生的气流会受到环境或自由来流扰动的影响,这些扰动很难消除,且可能使层流向湍流提前转捩,由此产生并不可靠的实验结果。在设计阶段,对实验结果的错误理解可能会导致更为严重的后果。

以下是将飞机作为飞行试验平台的两次研究实例。这两个实例都是为了研究机翼上湍流转捩过程,期望可以减少表面摩擦阻力,从而实现节能减排。首先,如图 1.9 所示,Falcon 7X 公务机的飞行试验,通过在翼片上安装的红外相机可以观测到水平安定面上的层流 - 湍流转捩过程(图 1.9(a))。图 1.9(b)给出了试验得到的红外图像,其中层流区以绿色显示。

在实际的机翼上保持层流状态可能受到表面鼓包和缺陷的影响,尤其是前缘缝翼或防冰装置连接处。第二个实例是得克萨斯农工大学(TAMU)的 William Saric 及其同事在垂直安装于塞斯纳 O - 2A"超级空中霸主"飞机机翼下方的后掠翼段上研究这些缺陷对转捩的影响,如图 1.10 和图 1.11 所示。

 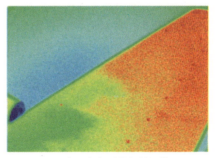

(a) 红外摄像机安装　　　　　　　(b) 水平安定面的红外图像

图 1.9　Falcon 7X 公务机后水平安定面上的层流 – 湍流转捩的检测结果
(来源:达索航空公司)

图 1.10　双发的塞斯纳 O – 2A"超级空中霸主"(来源:A&M 大学)

(a) 附着在机翼下表面的模型　　　(b) 显示转捩情况的红外图像

图 1.11　翼段转捩研究的模型安装(来源:A&M 大学)

机翼模型上配备了一个可以移动前缘部分的制动器,从而在机翼的上游区域形成一个前向或后向台阶。见图 1.11(b),红外热像仪检测到了这些台阶对转捩的影响(层流区域以黄色表示)。在亚声速到超声速的马赫数范围内,已经在各种装置上进行了许多类似的飞行试验,但这些实验的费用非常昂贵;这些飞行试验的开展主要是为了进一步验证在风洞试验中展示出具有巨大潜在优势的新型概念。

1.7.2 弹射飞行试验

另一种飞行试验是通过弹射模型,研究模型在与地面碰撞前的自由飞行状态下的特性。ONERA 里尔研究中心采用了其中一种非常古老的技术,该技术通常用于研究飞机的稳定性。该研究中心设有一个实验室,在那里可以以相对较低的成本在受控环境中开展此类研究,由此进行飞行模拟和飞机飞行力学的研究,以及更基础的空气动力学试验(图 1.12(a))。

(a) 建筑鸟瞰图(长90m,宽20m,高20m)   (b) 弹射飞行试验模型

图 1.12 ONERA 里尔研究中心的自由飞行实验室(来源:ONERA)

该实验室还可以进行飞行演示,以验证某个概念并评估其性能。试验方法是将要在自由飞行条件下研究的飞机模型,以所需的速度和高度弹射出去。试验是在配平飞行条件下通过弹射进行的。该模型由弹射器轨道上滑动的滑架发射(图 1.12(b))。模型放置在金属尖端,以最小的接触面积与滑架相连(以指定速度驱动)。滑架在坡道末端制动,因惯性效应将模型释放,而模型在之前限定的平衡条件下发射出去。在飞行过程中,可向模型施加各种类型的条件,包括转向、垂直或侧向阵风、地面效应、射流冲击等,并且可以研究处于这些飞行条件下的特性。飞行结束后,模型回收到收集器,以保持其完整性,包括尾翼和短舱或其他附加部件。

这项技术曾用于模拟表征一架大型商用飞机的尾涡。事实上,这类尾涡在前方飞机下游相当远的距离(几千米)内仍然十分活跃。这种很强的尾涡扰动对于在其范围内的其他飞机是非常危险的。因此,需要在连续两次起飞之间设置最小的安全间隔,而这会拥塞航路交通。由于这些旋涡的存在时间较长,在风洞中研究这些旋涡需要用到不切实际的试验段长度,或者使用显著降低雷诺数的小模型。在 ONERA 里尔研究中心进行的实验中,弹射器发射的模型穿过由高强度激光片照亮的烟雾云。如图 1.13 所示,通过在模型穿过烟雾云后的不同时间拍摄照片,可以研究尾涡在时间上的演化过程以及在模型下游的发展和衰减距离。如今,这套装置主要用于自由来流扰动条件下小型无人机(UAV)稳定性技术的开发。

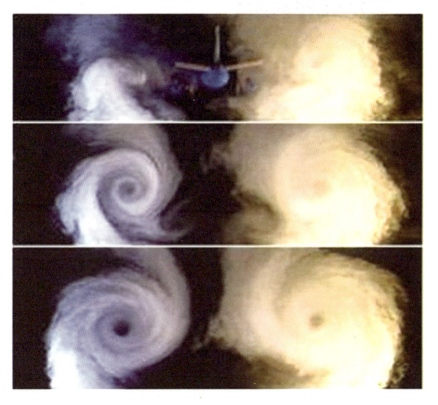

图 1.13　运输机模型自由飞行时的尾涡(来源:ONERA)

1.7.3　航空弹道学飞行试验

为了避免模型支撑带来的干扰,可以采用航空弹道学的发射方式进行自由飞行试验,这能验证改善飞机的动稳定性。十几年前,这项技术已经在航空弹道射程或射击通道中实施。该技术发射模型后使用阴影技术在感光板上记录其通过的图像,光源由发出极短闪光的火花发生器组成(图 1.14)。这项技术已经发展到可以使用非常高分辨率的数字相机。但沿发射轴的站位较少是获得气动系数的限制因素。

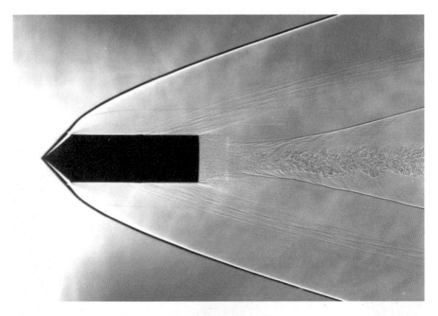

图 1.14　ISL 航空弹道射程内自由飞行的射弹(来源:ISL)

目前,越来越多的现代自由飞行技术可以获得整个弹道内气动系数的演变过程。模型配有磁传感器、加速度计、陀螺测试仪以及其他电子传感器和信号传输单元,通常用射枪发射。这些模型越来越复杂,因此其发射需要与弹舱底板结合。尽管如此,机载电子设备必须能够承受可达到 50000g 的射弹加速度。法德圣路易斯研究所(ISL)的软井筒回收设施(SIBREF)可在 5000g ~ 60000g 的加速度下对模型中的所有部件进行试验。传感器在飞行试验过程中测量的信号通过 6 自由度的反弹道程序进行处理,确定气动力系数。

ISL 开发的一项创新技术是从在高帧率下的视频图像中确定模型在自由飞行中的位置和姿态。为此,需要将两个光学跟踪系统(跟踪器)安装在射击线的两侧,而难点在于将每个跟踪器的电动镜速度调整到模型的速度。模型的位置和姿态通过对每个光学跟踪系统的数学建模和将图像中的模型分离出来的图像处理算法确定。然后,将模型沿其轨迹的三维位置与姿态和通过机载传感器技术获得的位置与姿态进行比较。这些试验是在米卢斯北部的 ISL 试验场进行的,用 20 ~ 105mm 口径的火药加农炮(带膛线或无膛线炮)在最大射程 1000m 的距离内进行射击。根据所研究的构型不同,发射马赫数为 0.6 ~ 6.0。

图 1.15 所示为 ISL 试验场其中一条射击线的鸟瞰图。该模型的速度由射枪后面的连续多普勒雷达测量。射击线的两侧可以看见两个跟踪器(A 和 B)。

由于模型中的传感器和电子设备成本较高,可以用一个或多个装满破布或轮胎的容器进行软回收。如果模型因为动能过高而无法恢复,那么它就会在与沙湾的碰撞中停止工作。

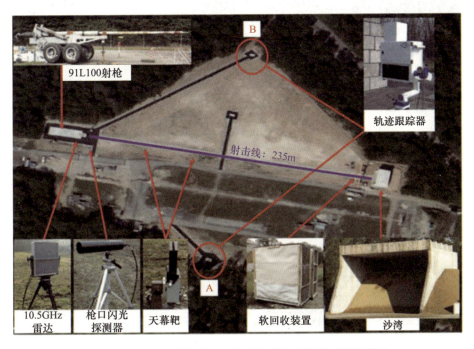

图1.15　ISL试验场其中一条射击线的鸟瞰图(来源:ISL)

尽管飞行试验是空气动力学的一种重要研究手段,能提供风洞中难以复现的真实而苛刻的流动条件,但是本书主要讨论地面试验手段,飞行试验只是简单地提及。

1.8　高空模拟试验间

1.8.1　海拔影响

风洞有助于研究大气压力下(即地面上)的空气动力现象。然而不同海拔的大气条件下的差异可能产生重大影响,特别是对吸气式发动机的运行及积冰的风险产生重大影响。

载人飞行器和UAV的吸气式发动机包括涡轮喷气发动机和涡轮螺桨发动机、直升机涡轮轴发动机和弹用涡轮发动机(图1.16)。这些发动机在飞行过程中受不同高度的大气条件的影响:高度越高,环境静压和温度越低。这对燃气轮机发动机的工作产生了影响。例如,若由于低压造成发动机高空质量流率减小,则在飞行中重新点火会更困难等。

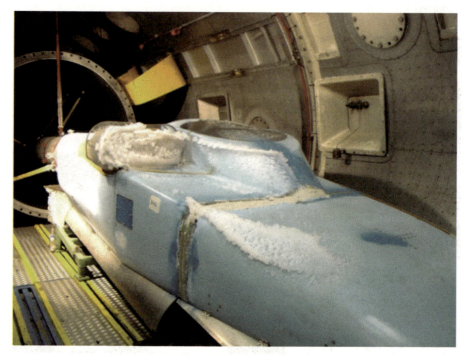

图 1.16　模拟高度条件下在直升机进气道进行结冰试验——试验间 R6
（来源：DGA 航空发动机测试中心）

　　海拔高度对积冰也有明显影响。当飞机飞过云层时,探测器（如空速管）、机翼前缘和/或发动机进气道可能积冰。这种积冰现象会增加系统故障或严重后果的风险。事实上,探测器上的积冰会影响测量结果,从而可能导致飞行员产生错误判断。同时,机翼上的积冰会改变机翼周围的流动：失速迎角提前,增加阻力,降低机动性。发动机进气道积冰形状会改变进入发动机的气流,从而影响发动机的性能。此外,发动机进气道形成的冰块可能会脱离并冲击压缩机叶片,造成叶片损坏和发动机故障。

　　高空试验设施能够在与给定高度相同的条件下进行试验,包括模拟结冰条件。

1.8.2　高空试验间的工作

　　法国国防采购局（DGA）航空发动机测试中心专门负责在模拟高度条件下进行的试验。自 1946 年以来,该部门一直在设计和测试模拟飞行与结冰条件下的吸气式航空发动机及其部件、组件、子组件及相关设备。以下将详细介绍这些设施的运作。

试件通常安装在圆柱形实验间内,其将上下游连接到由管道、阀门、供排气设施组成的网络上,如图1.17所示。

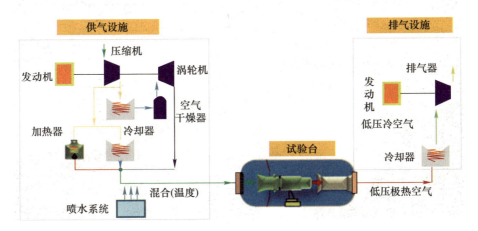

图1.17 高空模拟试验台示意图(来源:DGA航空发动机测试中心)

该网络(长2km,直径3.2m)能够精确调节试验台的内部条件。上游布置如下:

(1)由压缩机和涡轮机调节压力。

(2)由冷却器和加热器调节温度。

(3)通过空气干燥器和喷水系统调节湿度,空气干燥器的主要功能是去除涡轮上游空气中的水分,以免损坏涡轮叶片。

下游的冷却系统(如冷却器、喷水系统、水冷套管、浸没着管道的通道)可用于冷却工作气体(图1.18)。压缩机(排气器)可以调节压力并将空气排回大气中。

供排气系统可根据客户要求再现相应高度和飞机速度下相同的温度、压力、湿度和质量流量。其能提供:

(1)高达150kg/s的质量流量。

(2)从准真空到22巴(1巴=10^5Pa)的压力。

(3)−70~520℃的温度。

上述的取值范围是由DGA航空发动机测试中心的所有试验台(包括燃烧室试验台)给出。在燃烧室的上游重现了压缩机出口处的条件,燃烧室上游的压力可达到22bar,温度可达到520℃。

图 1.18 空调送风系统(来源:DGA 航空发动机测试中心)

1.8.3 除地面试验外,高空模拟试验的益处

与飞行试验相比,开展高空模拟试验有以下几个优势:

(1) 成本降低。
(2) 缓解风险。
(3) 高度和大气条件的控制,尤其对结冰试验(飞行试验取决于天气)。
(4) 试验条件的可重复性。
(5) 能进行多次测量(约 1000 次)。
(6) 重现故障发生条件的能力。

除高空模拟试验外,DGA 航空发动机测试中心还进行了地面试验。

高空模拟试验间可以模拟 0m 甚至低至 -610m 的海拔高度,以代表位于海平面以下的一些陆地区域。这使得地面试验和高空试验可以在试验间的同一试验台上进行,从而优化试验(一个而不是两个试验台),并避免出现因使用不同设备产生的重复性问题。

DGA 航空发动机测试中心的地面试验台如下:

(1) 可进行发动机耐性试验的 T_0 试验台。
(2) PAG 是用于探针和小型设备结冰试验的风洞(图 1.19);与地面条件下

使用的高空模拟试验间相比,该风洞能够以更具性价比的方式进行试验。

(3) GIV 试验台可对燃油系统进行结冰试验。

(4) K9 试验台用于燃烧室。

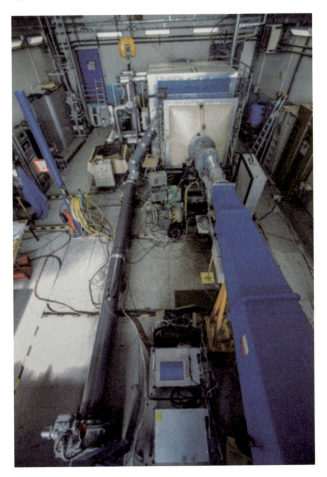

图 1.19　结冰试验用 PAG 试验台(来源:DGA 航空发动机测试中心)

第 2 章
风洞和其他空气动力学试验设施

2.1 风洞背景

2.1.1 风洞原理

风洞是通过试验(通常在缩比模型上进行)研究和掌握空中或地面运载工具特性的一种手段。若满足动力学相似性,则可将力的直接测量结果(主要是升力、阻力、侧向力和力矩)外推到实际运载工具。风洞或其他地面试验方法也可以在测量壁面压力、表面摩擦力、速度和湍流场的同时,对流动特性进行详细的描述。应用合适的测量技术,能够对数值和解析方法进行非常详细的验证。风洞试验可以分析极端条件下发生的某些临界现象,如大分离、非定常、抖振、颤振等。这些试验设施还可以详细研究对整个系统正常运行或性能造成不利影响的局部现象,其中包括激波/边界层相互作用、混流区发展、涡流、层流向湍流边界层转捩等。

风洞静态或固定模型试验是基于牛顿早在 1687 年提出的相对速度原理,浸没在流动中的物体所受的力与以相同的相对速度穿过静止流体的物体上所受的力相同。在研究道路或轨道上的地面运载工具及起降时近地面飞行的飞机时,这种参考系的变化会产生一个问题:运载工具与地面的相对速度会对流动产生影响,通常称为地面效应。因此,在运载工具被固定住的风洞中,为了再现这种效应,需要让代表地面的下壁板以与空气相同的速度移动,以免产生额外的边界层。为了再现地面效应,试验的运载工具(或其模型)必须安装在滚动带上,模拟运载工具真实的速度进行运动(见 3.3 节)。

风洞是一种非常实用的实验设施,它舍弃了基于物体在空气中直接移动的方法从而快速地进行试验,否则需要采用以下的方法:

(1) 水平位移式:1901 年,德国西门子公司在时速 160km 的火车上进行的飞机试验;1909 年,圣西尔航空科技学院(IAT)在一条 1.4km 的私人铁轨上进行试验时也采用了这项技术,以及 Armand de Gramont(吉什公爵)在其汽车上进行的翼型试验。

(2) 垂直位移式:1908 年,古斯塔夫·埃菲尔(Gustave Eiffel)从同名塔的二楼进行了自由落体运动。

(3) 将两者结合,利用重力效应使物体沿线缆移动:这是 1904 年 Ferdinand Ferber 在默东谷进行试验时提出的一种方法,他把飞机挂在一辆推车上,沿塔架间延伸的线缆滑行。在建造自己的风洞前,古斯塔夫·埃菲尔也曾考虑在塔楼的一楼安装一个这样的装置(他称为机场)。

(4) 旋转运动:被测物体固定在长旋转臂的末端,这意味着可以通过延长旋转臂和提高旋转速度,实现切向速度显著提高。这种装置于 1906 年在 IAT 建立。

除在有限范围内的少部分应用外,之前的方法因其明显的缺点很快被放弃。

通常风洞含有一个试验段,使用风扇或压气机维持气流。在一些风洞(暂冲式风洞)中,气流是由储罐中储存的压缩空气排出而产生的。风洞有直流式风洞和回流式风洞两种主要类型。

2.1.2 埃菲尔式或直流式风洞

在这种布局的风洞中,上游收集的空气在收缩段的收缩管道段加速,之后气流经过试验段,直接排放到大气中。在风洞出口附近利用风扇的抽吸效应确保流体运动。古斯塔夫·埃菲尔的一项重大创新是在试验段与下游风扇之间插入一个称为扩散段的(管道)扩张部分(Eiffel 于 1911 年 11 月 28 日获得专利)。该设备大大降低了装置运行所需的功率,其有效性源于伯努利定律,即压力与速度成反比。因此,扩散段通过降低速度来产生压缩空气的效果。这样风扇两侧需要补偿的静压差与直接在试验段下游放置风扇的情况相比要小得多。图 2.1 所示为埃菲尔式风洞(目前位于巴黎奥特伊,由法国建筑科学技术中心(CSTB)运营)的艺术化表现图。

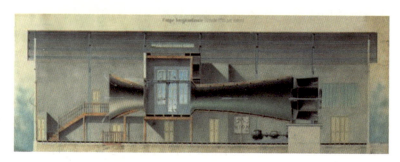

图 2.1　典型的埃菲尔式风洞卡通图(来源:J.－M. Seguin,CSTB 埃菲尔实验室)

2.1.3　普朗特式或回流式风洞

在这种布局的风洞中,空气被吸入试验段和扩张段的下游,之后经过 4 个连续的拐角,导流回到稳定段再次循环(图 2.2)。在回路的拐角布置导流片可避免流动分离及涡流的形成。这种布局可以提高能源效率,并且可以更好地控制

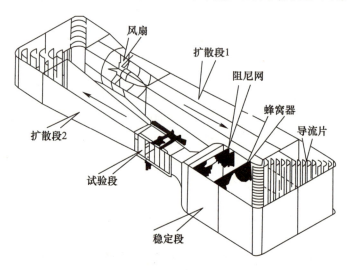

图 2.2　回流式风洞的安装

试验条件(压力、温度、湿度)。这类装置可能需要一个换热器,用来冷却被加热的气流,同时从风扇或压缩机中提取能量,以保持气流的循环。

2.2 从风洞试验到现实

早期的地面试验是在考虑飞机真实运行条件情况下进行的,这使得设计出的风洞是用于全尺寸模型的试验。但随着飞行速度、高度和飞机尺寸的增加,开始对尺寸远小于真实飞行器的风洞试验模型进行风洞试验。另外,汽车行业对全尺寸陆地车辆进行了大量试验,但这些情况的试验来流速度比航空中遇到的速度要低很多。

为了将风洞中的试验结果外推到实际飞行中,模型的试验需要满足动力学相似条件。经典空气动力学中最常见的相似条件通常由无量纲系数或参数来量化,这些系数或参数的定义源于对运动方程的研究。具体如下:

(1) 为了获得相似的壁面边界条件,模型需要复现真实飞行器的几何外形,或者至少是能够较好地代表真实飞行器。然而,实际情况下,尺寸越小,制作出能代表真实物体(紧固件、面板连接件、天线、表面凹坑)所有几何细节的模型就越难,甚至是不可能的。因此,风洞中的模型只是从整体形状的角度来看是相似的,一般来说,这种整体形状上的相似足以确定除阻力外的其他气动力,而阻力则需要更多的表面特征细节才能确定。

(2) 高速时($Ma \geqslant 0.5$),为了模拟压缩性效应,必须使用与飞行条件下具有相同热力学性质的流体。这种约束在极低的速度下是不存在的,在极低速度情况下密度的影响可以忽略不计,因此可以将其从控制方程中消去(除非存在热传递或反应流)。在这种情况下,可在水中、流体槽或水洞中进行有代表性的试验(见 3.4 节),这有助于流动显示。

(3) 压缩性效应(特别是激波)的再现要求飞行状态与风洞试验的马赫数非常精确地相等。此外,跨越声障和超声速飞行阶段,气动力及其作用点会发生明显变化。当流动的马赫数超过 0.3 时,需要考虑压缩性效应。

(4) 为了再现与流体黏性有关的效应,需要保证 1.2 节中已经定义的雷诺数是匹配的,即

$$Re = \frac{\rho V L}{\mu}$$

式中:ρ 为气体的密度;V 为速度;L 与 μ 分别为模型的特征长度和气体的动黏度。这些参量通常取自上游的均匀来流($V = V_\infty, \rho = \rho_\infty, \mu = \mu_\infty$)。对于巡航马赫数为 0.8 的飞机而言,其雷诺数在 $3 \times 10^7 \sim 2 \times 10^8$ 之间;对于时速 120km 的汽车而言,

其雷诺数大约为 9×10^6。但在大多数风洞试验中,雷诺数通常低了 10~100 倍。

雷诺数在黏性效应即边界层以及更普遍的耗散流场的特性上发挥着重要作用,包括尾流、混流层、层流-湍流转捩、分离等。这些物理现象会严重影响飞行器的状态,造成飞行器性能或稳定性下降、不必要的振动,甚至会导致更具灾难性的情况。除可以进行全尺寸飞行器试验的风洞外,航空风洞试验更多采用小尺寸缩比模型,在某些情况下,缩比甚至超过 100。这使得风洞中的雷诺数比飞行时的雷诺数要低得多。然而,想要补偿因模型缩比而导致的低雷诺数,通常不可能按所需的比例增加速度,因为这会使风洞运行所需的功率出现惊人的增长,并增加进入超声速状态的风险,而超声速状态下可能会遇到其他复杂情况,尤其是亚声速飞行器的风洞试验。

参照状态方程:

$$\rho_\infty = \frac{p_\infty}{rT\infty}$$

可通过增加风洞的总压来改变密度,即对风洞进行增压(见 3.1.6 节)。这一过程具有一定的局限性,因为增压时气流的动压也会以类似的比例增加。

$$q_\infty = \frac{1}{2}\rho_\infty V_\infty^2 = \frac{\gamma}{2}p_\infty M_\infty^2$$

由此产生的气动力量级上的变化可能使得模型和试验段的支撑发生变形,从而引发更多的问题。此外,风洞本身的结构也会承受更大的载荷,这增加了相关材料的安装和运行成本。因此,增压有着明显的局限性。

一种非常有效的解决方案(即使这一方案的实现较为困难)就是降低气体的温度,使其密度增加,如气体状态方程。这就是低温风洞的原理。该解决方案很有吸引力,因为在增加雷诺数的同时,降低温度并不会影响气动力,而且动压与温度无关(见上述关系和图 2.3)。此外,气体(如空气)的分子黏度随温度的

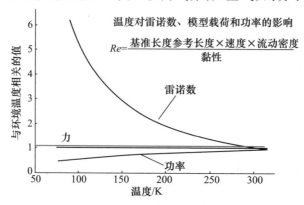

图 2.3 温度对风洞性能的影响(来源:欧洲跨声速风洞(ETW))

降低而降低,也会相应增加雷诺数。

在一些风洞中,增压和降温的结合可使雷诺数接近飞机真实飞行中的雷诺数(见4.3.4节)。

2.3 雷诺数效应与层流-湍流转捩

大多数风洞的雷诺数(相较于飞行条件)模拟能力不足,因此与真实飞行相比,模型壁面上形成的边界层层流-湍流转捩现象往往发生在更下游的位置。但边界层的状态对传递现象(表面摩擦、壁面传热)、边界层分离和激波/边界层相互作用有决定性的影响。在实际应用中的翼型上,层流-湍流转捩现象(如有)通常发生在非常靠近前缘的位置(弦长的百分之几),而当试验的雷诺数较低时,这种现象发生在风洞中试验翼型更下游的位置(通常在弦线中点或更下游的位置)。克服该问题的一种方法是通过模型上的人工粗糙带提前触发转捩,这种技术通常称为边界层转捩带固定转捩技术。粗糙带或边界层转捩带(有时称为湍流发生器)的高度要与转捩位置的边界层厚度以及试验中的雷诺数和马赫数相适应。

边界层转捩带的原理是固定转捩位置;它的高度与边界层同一量级,可用边界层理论计算。就二维机翼而言,触发转捩可用一根粘在前缘附近壁面上的简易金属丝来实现。在某些情况下,可以使用一条胶带,也可以使用粘在壁面上的由碳化硅颗粒组成的粗糙带。新近的边界层转捩带由一根细长的锯齿带组成。锯齿状图案能产生有效的小尺度微涡,使边界层不稳定。机翼模型上的锯齿形边界层转捩带如图2.4所示。

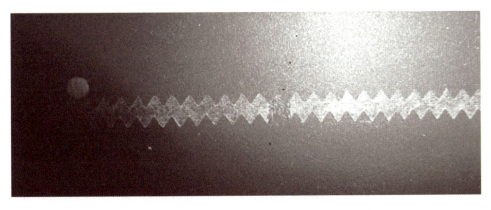

图2.4 边界层的湍流发生器或转捩触发器

2.4 动力学相似性和无量纲参数

除马赫数和雷诺数外,风洞试验还必须遵守其他无量纲参数,最常见的几个如下:

(1) 普朗特数,用于模拟热传导: $Pr = \dfrac{\mu C_p}{\kappa}$,其中 C_p 是定压比热容,κ 是热导率。

(2) 刘易斯数,用于再现组分的扩散现象: $Le = \dfrac{\kappa}{\rho D_j C_p}$,其中 D_j 是组分 j 的扩散系数。

(3) 克努森数,用于衡量气体中分子平均自由程 λ 与飞行器特征尺寸 L 的比值: $Kn = \dfrac{\lambda}{L}$。该无量纲参数定义了飞行器在重返大气层的超高空飞行中遇到的其他稀薄效应(见 1.2 节)。

(4) 针对周期性或非定常现象,引入了斯特劳哈尔数: $St = \dfrac{fV}{L}$,式中 f 是一个特征频率。该无量纲参数表示流体粒子经过特征长度所用的时间与物理现象周期的比值。

(5) 弗劳德数,$Fr = \dfrac{V_\infty}{\sqrt{Lg}}$,其平方即是流体中动压项与重力比值的度量。弗劳德数较大意味着重力的作用可以忽略不计。该无量纲参数在水动力学中,尤其是包含轻流体(空气)和重流体(水)的气液界面的问题中起着重要的作用。由于空气要轻得多,在大多数情况下,在涉及空气的问题中往往忽略重力的影响,但在模拟地球大气层或如果排出空气的重量与气动力的量级相当(飞艇就是这种情况)时考虑了重力的影响。一般来说,空气动力学中忽略了空气的重量。

(6) 达姆科勒数,$Da = \dfrac{KL}{V_\infty}$,式中 K 是所述组分的反应速率,表示化学反应速率与气动速度之间的比值。若该值较大,则在距离 L 上,(在代数意义上)可以形成大量的所述组分,或者更准确地说,涉及这些组分的化学反应有足够时间进行。若反应速率远大于气动速度,则化学平衡在任何时候都有时间稳定下来。另外,若该值较小,则在长度 L 内,延迟或停留 Δt 时间太短,以至于化学反应没有时间进行,气体的成分就不会改变,即所谓的"冻结"。该无量纲参数在存在化学反应的高焓流动模拟中具有重要意义(见6.3节)。

2.5 风洞试验的限制与约束

2.5.1 试验段阻塞的影响

风洞试验是在一个构成密闭空间的试验段或工作段进行的，因此存在洞壁影响模型周围流动的风险，这即是跨声速流动中非常不利的洞壁干扰效应(见4.2节)。在亚声速条件下，试验段的尺寸决定了要研究的物体的纵向和横向尺寸。一般情况下，试验段的长度至少为模型总长度的两倍，而扩散段的长度至少等于试验段的长度。就横向尺寸而言，由模型最大迎风面积与试验段横截面积之比定义了试验段模型阻塞度，该值一般应小于0.16。在任何情况下，对测量值的修正都需要考虑模型或运载工具在试验段中产生的局部加速的影响。模拟陆地车辆的风洞通常配有一个进气系统，其目的是减小试验段入口边界层的厚度，从而更好地模拟车辆底部及周围的实际流动条件(见3.3节)。

风洞试验的目的通常是模拟飞机在自由大气层中真实的飞行条件。但在闭口试验段中，固体壁面会限制流动，而在开口试验段中，可进行试验的气流仅限于能在外部环境下形成的恒压射流。如果模型的尺寸与试验段的尺寸或射流的横截面相比不够小，就会导致固体壁面或流体边界过于靠近模型，从而改变模型周围的流动，使流动不再符合试验的要求。当模型的尺寸较大时(受所需试验结果精度的限制)，由壁面产生的干扰可以通过评估修正方法外推到自由飞行条件下。在给定的风洞中，这种方法的优点是可以试验更大的模型，从而达到更高的雷诺数，进行更加详细、准确的测量。

可识别和修正的主要壁面效应如下：

(1)洞壁效应：气流可通过的横截面积或空间的减小而产生的固体壁面阻塞，会导致速度和动压的增大。由于流体边界条件的存在，这种影响在开口风洞中通常可以忽略不计。

(2)"尾流阻塞"与洞壁阻塞现象相似，但主要是由于尾流的位移效应造成的。

(3)沿着受载机翼翼展方向进行局部迎角修正，主要是对翼尖处进行修正(与固体边界或流体边界产生的效应相反)。

(4)因模型与壁面之间局部收缩或扩张所造成的流线曲率变化修正。这种曲率变化会直接影响整体迎角、升力、俯仰力矩(开口风洞中的流体边界产生的这种效应较弱)。

(5) 对作用在机翼表面的气动载荷差异所引起的模型变形进行修正。这种变形会影响试验模型的升力、阻力和静稳定性(与固体边界或开口风洞中的流体边界产生的效应相反)。

(6) 由于直径较大，螺旋桨或旋翼所受的壁面效应影响更为严重。通常需要尺寸更小的模型，但实验雷诺数的减小会引入其他的复杂性(由于流体边界条件的存在，这种效应在开口风洞中较弱)。

我们可以通过向固体壁面虚拟施加与模型表面曲率一致的曲率来计算固体壁面阻塞。通过再现不同构型的阻塞过程，可以模拟风洞试验段的阻塞效应(理论上可以产生无限种构型)。利用这项技术，可将原始或未经修正的实验结果外推到无壁面边界的自由飞行条件。第13章将详细讨论试验段限制的影响。

2.5.2　模型安装和各类支架

另一个额外的干扰是由模型的支撑装置引起的，支撑装置在飞行中显然是不存在的。支撑系统的大小是模型气动载荷的函数，它在允许模型受载移动的同时应该尽可能小。支撑装置的尺寸会不同程度地干扰流动，并影响风洞试验模型的测量结果。在某些情况下，需要使用不同的支撑装置进行试验。

首要的解决办法是使支撑装置在空气动力学上尽可能解耦，并以干扰最小的方式将其固定连接到模型上。当支撑干扰效应很小时，可通过计算或实验，将带支撑模型构型和支撑本身产生的差异考虑在内，从而实现原始测量结果的修正(见第13章)。工程中主要支撑类型如下。

(1) 支柱式：模型由一个或多个支柱支撑，支柱通常与试验段下壁板底部安装的测力天平相连。德国-荷兰风洞(DNW)支柱上安装的空客 A380 模型如图 2.5 所示。这种布局的缺点是它会干扰模型表面和支柱固定装置之间区域的流动；这种连接也促进了涡流的形成，而涡流是振动的一个来源。

(2) 尾撑式：为了避免上述干扰，模型可由与其尾部连接的支杆支撑，并与下游位置安装的支架相连(图 2.6)。这种支撑形式能够避免尾部以外的模型大部分区域的干扰，但也限制了使用这种支撑形式无法对模型尾部进行研究。气动力通常由安装在支杆内部的天平测量。若模型较小，则使用微型天平(见 8.2 节)。气动力传感器的布线可全部装在支杆内部。

(3) 前撑式：为了避免在研究机体后段和底部流动时常规支撑装置或尾支杆造成的干扰，可以利用固定在试验段上游收缩段的支杆支撑模型的前撑式支撑方式。在高马赫数情况下，若使用轴对称超声速喷管，则喷管型面计算需要考

第 2 章 风洞和其他空气动力学试验设施 | 33

图 2.5　DNW 支柱上安装的空客 A380 模型（来源：DNW）

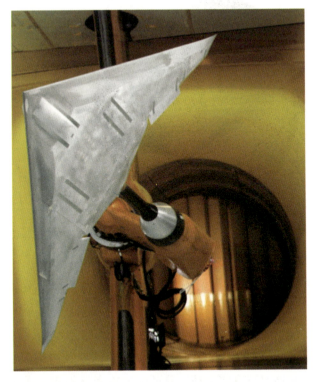

图 2.6　ONERA 福加－莫扎克中心 F1 风洞尾撑上安装的三角翼模型（来源：ONERA）

虑支杆的影响（图 2.7）。使用这种支撑形式，改变模型的迎角会变得比较困难，而且这种形式的支撑会促使边界层沿着支杆过度发展，这个问题可以通过在上游位置的底部对边界层进行抽吸来解决。

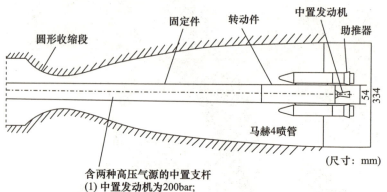

图 2.7　ONERA 默东中心 R2Ch 风洞中安装的 Arianne 5 空间发射器机体后段模型（来源：ONERA）

（4）壁挂式：在机翼或翼型实验时，模型被固定在风洞壁面的其中一侧。在这种情况下，天平可以安装在试验段外部。机翼（或机翼的一部分）有时被固定在风洞的两侧（图 4.5）。模型也可以安装在试验段的下壁板或上壁板上（图 2.8）。若被测模型是对称的，则可以使用半模，这使得模型的尺寸翻倍，从而能够让模型更好地表征真实运载工具的细节或者增加实验雷诺数。

（5）张线式：用张线绳牵引模型是一种过时的想法，得益于现代计算机控制

图 2.8 ONERA 福加－莫扎克中心 F1 风洞下壁板上安装的半模（来源：ONERA）

系统，近来又被重新考虑。在 ONERA 开发的系统中，悬挂机构是一种并联冗余机器人（图 2.9）。模型的长度约为 1m，可在 $2m \times 2m \times 2m$ 的空间内旋转；模型由碳纤维支撑梁支撑，支撑梁与六分量天平相连。支撑梁通过 9 个电动滑轮系统与风洞结构相连来控制牵引绳。模型在风洞试验段中的位置根据嵌入模型的 3 个陀螺仪和 7 个加速度计的测量结果、9 条牵引绳的长度测量结果以及两台摄像机获得的图像处理结果等进行综合确定。通过对所有测量结果数字化处理，从而确定施加在模型上的气动力。

图 2.9 ONERA 里尔中心立式风洞中用牵引绳悬挂的战斗机模型（来源：ONERA）

① 由六分量天平测量支撑梁在模型上施加的力。

② 加速度计的 7 个测量结果和陀螺仪的 3 个测量结果可以重构模型的惯性力矩阵。

③ 位移控制系统给出了模型的位置、姿态和速度。

张线支撑技术为飞行器在接近自由飞行条件下进行复杂试验提供了可能性；这种新的试验方法可以研究操纵面载荷的合成，从而确定常规方法难以获得的气动力。

（6）磁悬浮式：为了避免常规固体支撑的干扰，20 世纪 50 年代开发了通过磁场将模型定位在试验段的系统。这种基于磁悬浮的原理是将一个铁磁模型放置在工作段内产生的电磁场中。通过改变试验段每一侧或任意方向上的磁场强度，可将模型固定在所需的位置或姿态。在 ONERA 开发的磁悬浮系统中，通过光敏二极管上反射的光束来检测模型在空间中的位置。模型的任何位移都会引起反馈回路中电池电流的即时变化，继而引起线圈中电流的变化及磁场强度的变化，从而使模型回到其标称位置（图 2.10）。ONERA 开发的装置非常可靠，即使在很高的马赫数下也是如此。但这种技术存在严重的缺陷，在模型外形复杂程度、模型数据传输等方面都存在局限性。这些局限性在今天不会成为任何问题。鉴于在电磁学、光电学、数据采集和处理技术等领域取得的显著进展，我们希望这种巧妙的解决方案能重新引起人们的兴趣（见第 9 ~ 11 章）。

图 2.10　ONERA 默东中心 R2Ch 磁悬浮风洞模型（1965 年）（来源：ONERA）

2.5.3　自由流涡扰动和声扰动

之前的内容讨论了风洞试验中由低雷诺数限制和层流-湍流转捩差异所引发的问题。然而,在风洞中研究流动稳定性和层流转捩问题则更加困难,这是由于相对自由来流而言风洞产生了较大的扰动,相反,在巡航和其他飞行条件的安静大气下,空气是静止的,这些扰动非常小。风洞上游产生的扰动以涡结构和/或可向各个方向传播的声波等形式存在。这些扰动会触发流动中不稳定模态的增长,或者加速转捩过程,特别是高来流湍流度存在的情况下。由于这些影响,即使在相似的雷诺数区间下,风洞结果也不能外推到飞行条件,因为转捩模态不受自由来流湍流度的影响,但可能受到风扇发动机等不同噪声源的影响。这个问题在跨声速和超声速试验中更为严重。为了解决这些问题,需要开发"静"风洞,并采取特别的预防措施来降低试验设施引起的噪声和干扰(见 5.4 节)。

飞行器绕流产生的噪声对乘客和周围环境都造成了不利影响,因此是气动声学领域的主要研究课题。由于模型发出的声波会被固体壁面反射,为了研究噪声源,必须在试验段及风洞回路的设计过程中采取特殊措施。电机、风扇或压缩机也会产生额外的噪声,而且其振幅通常非常高。因此,适用于气动噪声研究的风洞必须经过特殊的声学处理,而且通常配备噪声吸收或衰减系统(见 3.2 节)。

2.6　风洞的主要部分

在一个截面积可变的管道中,管道的流速 V 和管道截面积 A 之间的关系,可由基于质量守恒的雨贡纽定理给出:

$$\frac{\mathrm{d}V}{V}(1 - Ma^2) + \frac{\mathrm{d}A}{A} = 0$$

式中:Ma 为马赫数。

在亚声速流动($Ma < 1$)中,A 和 V 成反比,流动在收缩段流速增大;而在超声速状态($Ma > 1$)下,流动在扩散段流速增大。当 $Ma = 1$ 时,$\mathrm{d}A$ 和($1 - Ma^2$)在驻点必须同时为零,且此时管道的横截面积最小,这个位置通常称为喉道(图 2.11)。在亚声速风洞中,气流在截面面积持续减小的收缩段内加速至所需的流速,而超声速风洞首先需要一个收缩段将气流加速到马赫数 1,然后用一个扩张段将气流继续加速到更高的超声速(见 5.1 节)。

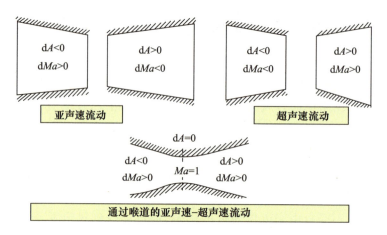

图 2.11　雨贡纽定理和截面变化规律

在风洞试验中,能量通过黏性耗散效应沿着壁面或者模型周围由压力转化为热能耗散掉。因此,必须维持上下游区域之间的压力差。在连续风洞中,压力差通过持续运行压缩机来维持,而在暂冲式风洞设施中则通过排出储气罐的压缩气体来实现。

风洞按照其能达到的流动速度进行分类,可分为:

(1) 亚声速风洞。亚声速风洞的吹风速度最高能达到 100m/s(不可压流动),适用于地面运载工具、低速飞机和无人机、起降阶段的飞机、土木工程设施和能源生产等。目前有专门研究恶劣天气条件(如雨、雪、吞砂、积冰)的亚声速风洞,也有研究极端飞行机动的立式风洞。消声风洞适用于气动声学研究。还有专门研究体育运动员空气动力学特性和其他运动设备的风洞。

(2) 跨声速风洞。跨声速风洞在马赫数 0.7~1.3 的工况下运行,主要用于民用运输机、战斗机、炮弹等。跨声速的状态包含亚声速流动和超声速流动,这使得其结构尤其复杂。因为航空行业占据最大份额的商用飞机的巡航飞行状态就是跨声速,所以跨声速流动特性研究是非常具有商业敏感性的。跨声速状态还涉及推进系统,如涡轮机、发动机进气道、推进喷管等流动。

(3) 超声速风洞。超声速风洞中,$1.6 < Ma < 5$,目前主要用于战斗机、导弹、大气层飞行阶段的航天器和火箭弹。在商用领域,超声速风洞曾被用来设计协和号超声速飞机。再度兴起的超声速商用飞行研究可能会使超声速风洞设施的使用量进一步增加。

(4) 高超声速风洞。高超声速风洞涵盖了几种飞行状态,$5 < Ma < 10$,适用

于 X 系列飞机、导弹和航天器等高超声速飞行器；$10 < Ma < 25$ 为极高超声速，这时热控制是设计的主要考虑因素；$Ma > 25$，是需要设计隔热罩的重返大气层运载工具的飞行状态。

亚声速状态和超声速状态之间有一个明确的界限，以流动到达当地声速的剧烈变化区分，这通常会导致膨胀波、压缩波、激波等物理现象。另外，因为超声速状态和高超声速状态的马赫数都是超声速（$Ma > 1$），两者之间的界限比较模糊。高超声速状态真正显著的特征是高速气流对机体的加热，高速流动会把动能转化为热能，这种现象在机体的驻点区域周围会更加强烈。这种加热现象同样会影响空气的化学性质，使其出现了所谓的"真实气体效应"，这一效应是由于超高温下分子自由度（平动、转动、振动）与化学分解反应的不平衡导致的。

亚声速或超声速风洞通常由以下部分组成（从上游到下游）：

（1）稳定段。稳定段将进入试验段前的自由来流空气稳定下来。稳定段配有用来导直气流的蜂窝器和用来缩小湍流结构尺度并降低试验段湍流度的阻尼网（图 3.7）。流场品质良好的风洞自由来流湍流度应该低于 0.1%，而在几乎静止的安静大气状态下，湍流度比该值还要低 10 倍。如上所述，在研究流动稳定性和层流－湍流转捩时，大多数风洞设备较高的湍流度都是一个重要问题。

（2）收缩段。收缩段的收缩部分，加速了试验段入口前的流动速度。在超声速风洞中，收缩段是一个收缩－扩张喷管，它能将流动加速至超声速状态（见 5 章）。收缩比是指收缩段进出口之间的比值。收缩段是风洞的重要组成部分，必须仔细设计壁面曲率，以确保整个试验段的速度均匀。它还有助于减小进入试验段的自由流湍流尺度。在具有良好流场品质的风洞中，建议收缩比接近 10。

（3）试验段。试验段是模型安装的位置，据我们所知，试验段主要有两种类型：由壁面导引气流的闭口试验段和自由射流的开口试验段。其中，开口试验段产生的自由射流先从收缩段喷出，然后流入扩散段。开口试验段的优点是可以直接观测模型，便于流场观测和光学测量。其缺点是剪切层的不稳定性和射流边界的湍流掺混，这是流动不稳定性和声干扰的重要来源。闭口试验段没有直接的通道观察模型，这可能影响模型绕流的流动可视化和光学测量。但是，由于没有剪切层，闭口试验段通常具有更好的流场品质。闭口实验段的截面通常略微扩张，这样能够补偿壁面边界层的厚度，从而维持恒定速度。早期的做法倾向于使用圆形的试验段，这是出于结构上的原因，也是为了避免产生角涡，从而获得更好的流动特性。另外，曲面壁会使光学测量复杂化。出于这个原因，也为了便于模型的安装，现在的风洞设备往往使用矩形试验段。

（4）扩散段。扩散段是由一个扩张管道组成的。在回流式风洞中，这个管道朝着风扇或者排气管的方向逐渐加宽。为了减小风洞设施的尺寸，采用一个尽可能短的扩散段是有利的，所以扩散段往往有一个较大的扩散角。但是，扩散段的扩张过快也会导致压力的迅速增加，进而使得扩散段壁面上出现边界层分离的风险，而边界层分离会导致风洞出现显著的效率损失和噪声。早期实施的设计准则要求扩散段扩散角不得超过 7°。

（5）电机和风扇装置。电机和风扇装置可在气流排入大气（埃菲尔式风洞）或重新回流（回流式风洞）前恢复洞体压力水平。在需要很高压力比的高马赫数风洞中，气流通常是由高压存储的压缩空气排出产生的。这些装置称为暂冲式风洞，其有效试验时间尤其受到压缩气体储存容量的限制。

通俗地讲，风洞可分为两类：

（1）工业风洞。工业风洞通常尺寸较大，主要用于更接近真实构型的风洞试验，如完整的飞机模型乃至汽车行业中真实的全尺寸车辆。

（2）研究型风洞。研究型风洞为中小型风洞，主要用于基础空气动力学研究，其目的是表征特殊的复杂现象，如层流-湍流转捩、分离、激波/边界层相互干扰、湍流特性等，或者评估流动控制领域的新概念。

然而，这种区别并不严格，因为基础性研究试验也可以在大型工业风洞中进行，以获得真实的雷诺数或者使用更大尺度的模型来测量精细化流动结构或流动参量。相反，由于研究型风洞具有更好的流场品质和更低的运行成本，部分应用研究也会在研究型风洞中进行。

2.7　风洞模型的设计与制造

大型风洞多建于 20 世纪中叶，如 ONERA Modane – Avrieux 中心的 S1MA 风洞（见 4.3.1 节）专门用于全尺寸飞机试验，从而避免了与雷诺数有关的问题。由于大型风洞运行成本的迅速增加，同时，数值模拟的快速发展解决了一些大型全尺寸模型风洞试验才能解决的问题，满足了市场需求。这些原因导致了大型风洞的使用量严重减少，其中的一些已经被弃用。然而，汽车行业没有出现类似的趋势，因为汽车行业有可以试验全尺寸车辆以及可以模拟恶劣的气候条件的更为现代化的风洞（见 3.2 和 3.3 节）。但对于航空航天行业而言，使用缩比模型是一种常规做法,这会带来本书提到的所有由动力学相似而引发的复杂问题。因此,风洞试验模型的设计和制造是一项具有高附加值的任务,实验结果的质量很大程度上取决于这项任务有没有做好。

几何代表性是风洞试验模型的主要要求。风洞试验模型不可能表征出真实飞机的所有细节,因此必须选择一个合理的表征水平。反过来说,风洞试验模型可能需要增加额外的细节特征来实现与真实情况相同的边界层转捩位置。试验期间还需要考虑模型的变形。同时,模型的加工过程中也需要精心控制模型的表面粗糙度,这有时需要调整加工工艺或者进行手工精细处理。

因为模型的重量在风洞试验中一般不会造成问题,风洞试验模型通常采用实心钢加工以最大限度地减少变形(图 2.12)。尽管如此,有时模型变形仍会比较明显,需要在试验过程中加以测量修正(9.6 节)。另外,为了限制模型的重量并控制成本,机身或无须承受高强度载荷的零部件也可以由铝制作。同时,模型的内部一般不会完全填充,从而可以容纳一些测量仪器(图 2.13)。用来测量模型气动力和力矩的气动天平就是一个很好的例子。天平所需的刚度限制了其小型化,而天平的尺寸又会限制模型的尺寸。

图 2.12　机身模型的高速加工(High Speed Machining(HSM))(来源:ONERA)

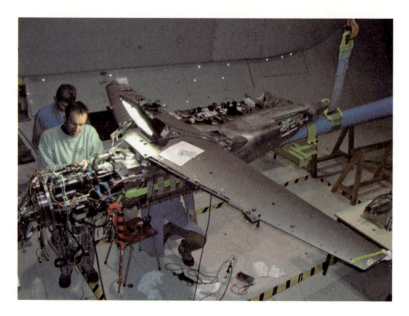

图 2.13　试验前将测试仪器集成到模型中（来源：ONERA）

测量飞机模型表面静压需要开设大量的测压孔，有时可能会需要超过 1000 个测压孔，尤其是机翼表面压力测量（孔或导管的直径小于 1mm）。这些测压孔通过金属管和/或塑料管与压力传感器相连，与其他各种传感器（天平、倾斜仪、定常和非定常压力传感器等）的线缆一起穿过模型内部。因此，模型的内部布局需要考虑相当一部分空间容纳线缆与测压孔气管（图 2.14）。有限的空间使仪器测量变得复杂起来，这促使了嵌入式测压孔和信号调节器的开发，以便于数

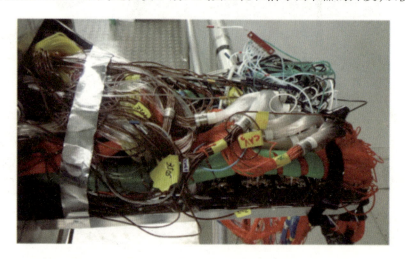

图 2.14　模型内部用于测压的气管

字化信号输出并直接采集;这大大减少了电缆所占用的空间。但这种方式的缺点是模型的设计和制造成本很高,所以这类传感器只适用于高度仪表化的大型试验模型。

时至今日,使用高速钢可以实现微米量级的加工精度,但这些工艺的成本很高。增材制造技术应该能够开辟出新的设计方式并降低成本和制造周期,但制造出模型的结构完整性仍是一个问题,并且使用更坚固的材料会大幅增加成本。

风洞试验常用于验证飞机操纵面和活动件(如前缘缝翼或后缘襟翼)的有效性(图2.15)。最普遍的做法是将这些活动件设置为试验所需的特定偏转角。这类操作需要对模型进行干预,因此需要在风洞停止运行时操作。在某些大尺寸模型上有可能实现活动操纵面的电机化,在这种情况下,模型更加昂贵,但试验效率也显著提高了。这种方式需要在模型设计时进行折中考量。

图2.15 装有可活动操纵面的大尺寸模型(来源:ONERA)

在 ETW 等低温风洞中(见4.3.4节),不可能对暴露在极低温度下的模型快速操作干预。因此,某些活动件的电机化可以显著提高试验效率。这需要高精度、小尺寸,并且能够在极低温度下工作的制动器机构(图2.16)。

图2.16 装有电动操纵面的低温风洞试验模型

在发动机吸力影响较大的风洞模型试验中,因为吸力极大地改变了平均气流和流线结构,此时仅仅简单模拟短舱的几何外形是不够的,而是需要开发涡轮动力模拟器(TPS)技术。它由安装在短舱模型中的小型涡轮机组成,用于模拟发动机流动(图2.17)。涡轮机一般由模型支撑系统输送的压缩空气驱动。

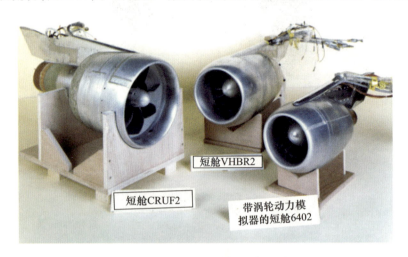

图2.17 装有TPS的短舱模型(来源:ONERA)

风洞试验模型是具高科技含量的硬件系统,因此,它们的设计和制造是决定空气动力学实验成本和周期的重要一环。风洞试验模型通常根据风洞的具体特点与规格设计(风洞是否增压和/或低温),这决定了模型的尺寸和材料。但模型也要面向试验目的进行设计,这决定了其零部件是否可拆卸、电机化自动操纵的必要性、模型中安装的测试仪器类型以及试验中的模型支撑形式等。风洞试验模型设计的复杂性不限于本书上面提到的内容,所以,模型设计团队和风洞试验工程师必须在复杂模型设计的早期阶段就开始充分交流沟通(图2.18)。

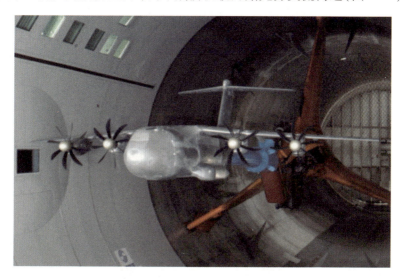

图 2.18　ONERA Modane – Avrieux 中心 S1MA 风洞中的 A400M 军用运输机模型(来源:ONERA)

第3章
亚声速风洞

3.1 航空亚声速风洞

3.1.1 法国历史上的亚声速风洞

位于奥特伊(Auteuil)CSTB的低速风洞于1912年3月19日举行了落成典礼,该风洞由古斯塔夫·埃菲尔建造,至今仍在使用(图2.1)。图3.1所示为古斯塔夫·埃菲尔及其同事莱昂·里斯(Léon Rith)在风洞控制室里工作。

该装置是由1909年安装在战神广场埃菲尔铁塔脚下的第一座风洞迁移而来的。最初,风洞由37kW电机供电的风扇驱动,并在直径为1.5m的圆形试验段内达到了18m/s的速度。使用同一电机的情况下,在奥特伊进行重新安装期

图 3.1　在奥特伊风洞中的古斯塔夫·埃菲尔

间,新的风洞新增一个扩散段,使风速在直径为 2m 的试验段内达到了 32m/s(增加了 78%),质量流量增益则超过了 200%(图 3.2)。这标志着使用扩散段这一风洞设计领域重大改进方法的诞生。扩散段有助于通过压力恢复来提高风洞的运行速度。

如图 3.3 所示,目前,该风洞仍用于工业空气动力学研究、建筑的风效应问题、气动声学应用以及其他空气动力学应用。

1935 年,在沙莱-默东(Chalais-Meudon)试验场启用的超大型风洞,最初被设计用于全尺寸飞机试验。虽然这个典型的超大型风洞已经不再使用,但在引言中对其进行简要的介绍还是很有意义的。图 3.4 所示为该风洞的鸟瞰图。作为埃菲尔式风洞,该风洞的收缩比为 3.5,且在试验段开头处有一个 $100m^2$ 的入口。收集段通过一个大尺寸驻室从风洞外收集空气,然后将其加速到 45m/s 的最大速度。开口式试验段的出口为椭圆形,长轴 16m,短轴 8m。其扩散段由一个由 70mm 厚钢筋混凝土制成的截锥管(长度为 38m)组成。扩散段下游的吸入室配备 6 台 74kW 的风扇。该风洞于 1977 年退役,并于 2000 年被列为历史

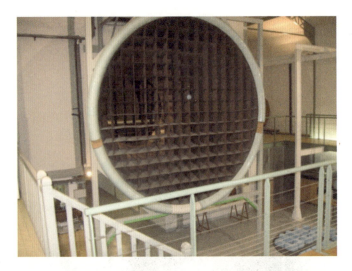

图 3.2　Auteuil CSTB 埃菲尔式风洞,配有蜂窝器的风洞收敛型入口(来源:CSTB)

图 3.3　埃菲尔式风洞中的汽车空气动力试验(来源:CSTB)

图 3.4　沙莱－默东试验场的 Grande Soufflerie(来源:ONERA)

古迹。该风洞测试过多个国家项目框架下的飞机、汽车、火车和建筑物的空气动力学特性。

3.1.2 圆形-八角形截面风洞

ONERA 默东中心的 S2L 风洞就是一个圆形-八角形截面风洞,该风洞是一个由 32kW 电机驱动的埃菲尔式低速风洞。其速度范围为 4～45m/s,有三个可互换的试验段:两个为圆形截面,一个为八角形截面(用于光学测量)。收集段的入口直径为 3.14m,长度为 3.5m。圆形试验段的入口直径为 0.97m,长度为 1.32m,风洞总长为 20m(图 3.5)。为了便于进行光学技术测量,八角形截面的"光学"试验段配备了平面玻璃窗(图 3.6)。圆形试验段的优点是可以减少矩

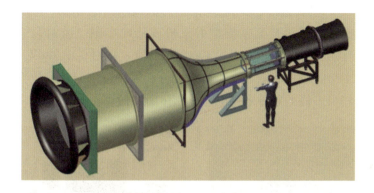

图 3.5　ONERA 默东中心 S2L 研究型风洞(来源:ONERA)

图 3.6　用于光学测量的配有八角形试验段的 S2L 风洞(来源:ONERA)

形或方形截面形成的高强度角涡。使用圆角嵌条可以减少角涡的影响,而圆角嵌条最终将方形或矩形截面转换成八角形截面。

八角形光学通路窗口允许直接使用压敏漆(PSP)、LDV、PIV等光学测量技术。这些技术需要使用圆形截面配置的弯曲窗口校正球差。该风洞专门用于航空和航天应用研究,包括涡流、尾涡、分离流、叶尖间隙、对转开式转子(CROR)叶片等。

3.1.3 低雷诺数风洞

法国国立高等航天航空学院(ISAE) – SUPAERO 低雷诺数(SaBRe)风洞是一个回流式风洞,主要用于研究动力和无动力构型的微型或大型无人机系统(UAS 或 MAS),尤其是螺旋桨/机翼相互作用、流量控制、减阻等涉及的特定问题。该风洞也可用于研究其他类型的飞机或陆地车辆。风洞有一个 1.2m × 0.8m 的矩形试验段,试验段长度 2.40m(图 3.7)。它由 9 个 20kW 直流电机提供动力的变距桨叶风扇驱动。由于轴速度可以保持恒定且转速较低,变距风扇可在稳定且相当安静的条件下将准静止流体加速到 25m/s。

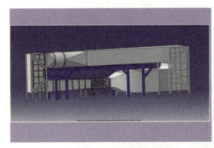

(a) 回路图　　　　　　　　　　　　(b) 试验段

图 3.7　低雷诺数 SaBRe 风洞(来源:ISAE – SUPAERO)

稳定段装有一个蜂窝器和三个湍流阻尼网,再结合高达 9 的大收缩比,在 2～25m/s 的速度范围内产生湍流度低于 0.03% 的高质量流动。试验段侧壁由不透明或透明的可移动板制成,具体情况取决于试验类型和所使用的仪器。

SaBRe 风洞具备以下特征:

(1) 使用光学测量系统,如二分量和三分量 PIV、时间分辨粒子图像测速仪(TR – PIV)、LDV、热线风速仪、定常或非定常压力传感器、温度传感器等测量流动特性。

(2) 使用与模型或所用支撑相适应的测力天平测量模型上的总气动力。

风洞还配有一个机械臂,允许模型在动态测试过程中自动产生三维位移,以模拟同时发生的俯仰、滚转和偏航运动(图 3.8)。

图 3.8　SaBRe 风洞中安装的微型飞行器(来源:ISAE – SUPAERO)

3.1.4　多试验段风洞

奥尔良系统工程、力学与能量学多领域研究(PRISME)实验室的 Malavard 风洞是一个具有多个试验段的风洞,于 1990 年建成使用。该风洞的特点是有主试验段和位于风洞回路中的辅助试验段两个试验段(图 3.9)。

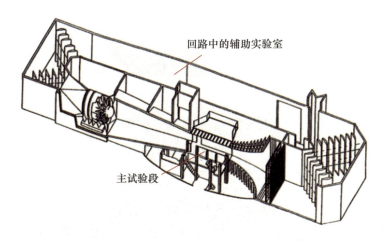

图 3.9　PRISME 实验室 Malavard 风洞回路(来源:PRISME 实验室)

主试验段的长度为 5m,截面为 2m×2m。该试验段的最大来流速度为 55m/s,湍流强度水平可调,最低可达 0.4%(图 3.10)。风洞装有一个六分量落地式测力天平,其透明的洞壁允许使用光学诊断技术。各种专用设施可实现对简单通用构型、运载模型(飞机、陆地车辆、船舶等)、机翼剖面和其他设备的广泛研究与工业测试。

(a) 试验段全视图　　　　　　　　(b) 未来飞机模型试验

图 3.10　PRISME 实验室 Malavard 风洞的主试验段(来源:PRISME 实验室)

　　回路有一个辅助试验段,截面积大小可调(范围为 2.5m × 2.5m ~ 4m × 4m),最大流速为 35m/s,湍流强度水平可调。该试验段可对各种大型物体进行试验,并配备一个转子试验台。由于湍流发生器的作用,加上 16m 长的壁板表面形成的厚湍流边界层,使得该试验段能够小规模地再现流速高达 15m/s 的大气边界层流动,从而进行建筑模型、城市地形模型、地形地貌、风力涡轮发电场模型的试验以及许多其他需要这种进气道流的试验(图 3.11)。该风洞专门用于 PRISME 实验室的研究活动,也提供其他工业服务。

图 3.11　PRISME 实验室 Malavard 风洞回路的城市地形试验
(来源:PRISME 实验室)

风洞具有广泛的测试能力，包括六分量气动天平、转子试验台（叶片上的扭矩、轴向推力和压力测量）、定常和非定常压力传感器、PIV 系统（2D–2C）、立体 PIV（2D–3C）、LDV、热线风速仪和流动显示（烟雾、表面油流等）。

3.1.5 低湍流度研究型风洞

低湍流度研究型风洞非常适合复杂流动及其稳定性的基础研究，如二维和三维边界层、分离、涡流、尾流、层流–湍流转捩，以及维持层流和抑制分离的流动控制研究。

ONERA 福加–莫扎克中心的 F2 回流式风洞就是一个低湍流度研究型风洞，其矩形试验段宽 1.4m、高 1.8m、长 5m（图 3.12）。该风洞配有一个由 680kW 直流电机驱动的 12 叶风扇，可通过调节电机转速使来流速度在 0 ~ 100m/s 之间连续调节。稳定段配有 4 个筛网、一个蜂巢式过滤器和吸声壁，再加上高达 12 的收缩比，使得试验段的湍流度非常低（低于 0.05%）。试验段侧壁由不透明或透明可移动板组成。

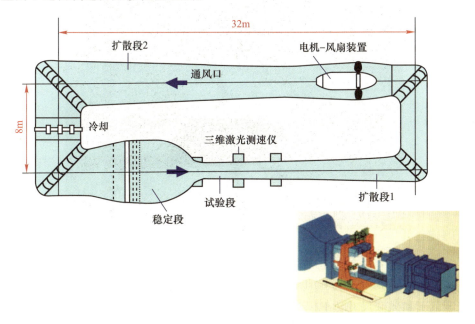

图 3.12 ONERA 福加–莫扎克中心 F2 风洞的总布局（来源：ONERA）

风洞配有一个激光测速系统，可同时测量三个速度分量。测量点光学通路的机械和光学调节可以形成体测量（图 3.13）。

逐点测量是全自动进行的，可覆盖 0.5m×0.6m×1.0m 的范围。F2 风洞三

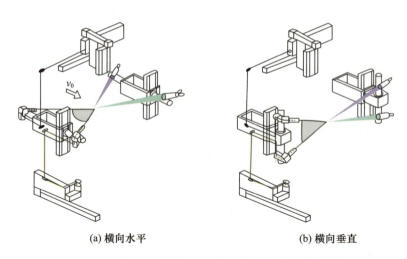

(a) 横向水平　　　　　　　　　　(b) 横向垂直

图 3.13　F2 风洞中安装的 LDV 系统结构(来源:ONERA)

角翼涡研究如图 3.14 所示。

图 3.14　F2 风洞三角翼涡流研究(来源:ONERA)

伦敦大学城市学院 Gaster 实验室低湍流度风洞的湍流强度低于 0.01%,但速度范围和风洞尺寸比 F2 风洞小将近一半。

3.1.6　增压亚声速风洞

ONERA 福加－莫扎克中心的 F1 风洞是一个回流式风洞,自 1974 年开始运行。该风洞配有一个截面尺寸为 4.5m × 3.5m、长 11m 的矩形试验段(图 3.15)。为保持较高的雷诺数,增压(高达 3.85bar)可以增加流体密度以弥补与全尺寸运载工具相比模型尺寸的缩小。

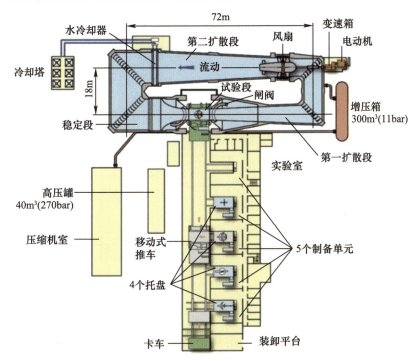

图 3.15　ONERA 福加－莫扎克中心 F1 风洞总布局(来源:ONERA)

F1 动力装置是一个由 9.5MW 电动机驱动的 16 叶恒速风扇,通过改变叶片的俯仰角来调节马赫数。当滞止压力为 1bar 时,最大流速为 123m/s(马赫数 0.36),最大流速值随滞止压力的增加而减小(图 3.16)。通过增压不可能获得大于 4 倍雷诺数的增加,此时结构(风洞壁面、壁板)上的载荷会变得太大。此外,由于气动力也按相同的比例增加,可能会导致模型的过度变形或支架的损坏。

试验段及其圆柱形护套安装在可拆卸、可移动的模型车上,以快速切换其他三个可互换试验段(提前安装和准备好试验模型及数据采集单元)。

气密门可实现试验段与风洞回路的分离,并且能够在模型转换期间同时保持其余回路增压状态。该风洞拥有各种类型的设备以满足不同的试验需求:各种支杆、三柱支架、壁式炮塔、洞壁天平等。在来流试验参数不断变化的过程中,可以进行以下测量:定常和非定常压力、气动力(六分量)、模型变形、切片激光流动显示、彩色油流、层流－湍流转捩的升华试验、红外相机、PIV。

该风洞非常适合高升力构型研究、全模或半模模型气动力与力矩(六分量)测量、操纵面气动力测量、(翼展超过 3m)运输机或军用飞机大尺寸模型试验、发动机模拟试验(涡轮风扇发动机或涡轮螺旋桨发动机)、地面效应试验、战斗

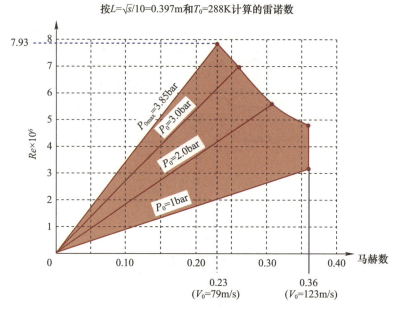

图 3.16　F1 风洞试验范围（来源：ONERA）

机或运输机进气道试验（定常和非定常测量）与动态稳定性测量以及建筑、船舶、汽车、直升机空气动力学研究相关的其他专业试验。图 3.17 所示为模型支

图 3.17　F1 风洞模型支架干扰研究（来源：ONERA）

撑干扰测试，图中处于关闭状态的背景门可以在模型安装期间将试验段与增压回路隔离开。

3.1.7 大尺寸研究型风洞

ONERA 里尔中心的 L2 风洞回路位于一个 725m^2 的工业试验大厅内。风洞试验段长度为 13m，试验段矩形截面宽 6m、高 2.4m。稳定段装有一个蜂窝器（于 2015 年安装），扩散段通向配有独立扩散器的电机风扇。探头的移动是通过悬挂在上壁板、具有足够精度的三轴电动机架实现的。在风洞下壁板上有一个直径为 6m 的转盘，可以将模型定位到相对来流方向所需的特定角度。试验段中的流动由一组安装在 2.8m 高度上的 3 排 18 个电机风扇产生，总功率为 125kW（图 3.18）。空试验段的最大流速可达 19m/s。

(a) 安装有UAV模型的试验段　　　　　　(b) 稳定段

图 3.18　ONERA 里尔中心 L2 风洞(来源：ONERA)

L2 风洞可以模拟大气边界层（平均速度剖面），因此非常适合研究风对陆地或海洋的影响。为了表征或缓解着陆区湍流强度、烟尘沉降、影响飞行员能见度的烟羽研究、电子设备干扰、风速计的定位、居民区的保护等各种现象，该风洞研究了航空母舰空气绕流的发展。图 3.19 给出了 Mistral 护卫舰的试验模型。

(a) Mistral护卫舰模型　　　　　　(b) Mistral护卫舰激光片可视图

图 3.19　L2 风洞航空母舰风效应研究(来源：ONERA)

图卢兹流体力学研究所(IMFT)的 S1 风洞建于 1936 年,是一个埃菲尔式风洞,其试验段直径为 2.40m、长度为 1.80m(图 3.20)。直径 4.20m 的风扇可使风速高达 37m/s。该风洞最初在室外运行,于 1942 年搬入一栋建筑内,以保护其不受气候影响,保证其稳定运行。风洞配有一个计算机辅助气动天平和光学测量系统(三分量 LDV 和 PIV 等)。自 20 世纪 80 年代以来,S1 风洞一直致力于翼型绕流的湍流空气动力特性、风力涡轮机、流动控制等方面的研究项目。该风洞还可以基于中小型尺寸的测试设备研究空气污染。同时,随着其运行成本的减少,该风洞还适合开展考虑(地形、障碍物等)局部影响的短距羽流扩散研究。开口试验段的便捷性优势使 S1 风洞成为自由流场局部特性研究(分离流、简单或同轴射流、自由或剪切流侧风等)的重要手段。这有助于通用车辆构型的分离控制研究,另外还开展了一个关于电驱动主动变形翼未来飞机的试验。

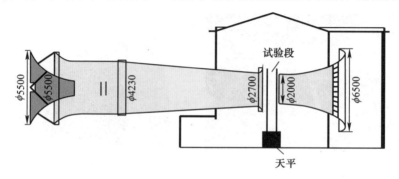

图 3.20　IMFT S1 风洞(单位:mm)(来源:IMFT)

IMFT S4 闭式风洞建于 20 世纪 70 年代中期,有效补充了回流式风洞低湍流度、空气过滤等方面的试验需求。S4 风洞有一个轴向扩张的矩形试验段(0.60m×0.70m),以补偿洞壁上边界层的发展(图 3.21)。来流温度稳定后的

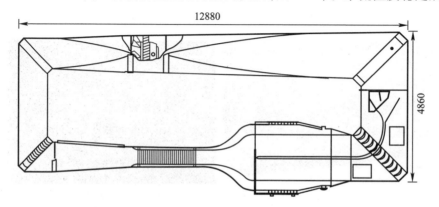

图 3.21　IMFT S4 风洞(单位:mm)(来源:IMFT)

流速可达到 55m/s，湍流度约为 0.1%。S4 风洞用于湍流建模、流动控制和流固耦合的基础研究。该风洞配有 4 自由度(3 个平移自由度、1 个旋转自由度)热线探头移动测量系统和先进的激光测量装置(高速 TR – PIV – 3C 和 TR – PIV)。同时，S4 风洞的电驱动主动变形翼原型机，可以开展相关创新研究。

另一个值得一提的风洞就是 ISAE – 法国国立机械与航空技术大学(ENSMA)的 S620 风洞。该风洞试验段的截面积为 2.6m×2.4m，长度为 6m。其流速范围为 5~60m/s，湍流度小于 0.5%(图 3.22)。

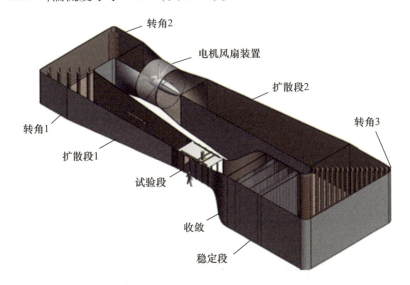

图 3.22　普瓦捷 PPRIME 研究所 S620 风洞回路(来源：PRISME 实验室)

该风洞具备的专用试验装置(图 3.23)能够广泛开展航空应用(动态失速状

(a) 二元翼型试验装置　　　　　(b) 陆地车辆试验用落地支架

图 3.23　PPRIME 研究所 S620 风洞(来源：PPRIME 研究所)

态下的飞机或翼型)、陆地运输(带有转轮的模型)和可再生能源(潮汐或风力涡轮机)等领域风洞试验。风洞配有六分量气动天平,通过压电测力仪可测量平均力或非定常力(见8.2.3节)。模型上的压力测量可采用定常(128个通道)或非定常(64个通道)压力传感器。速度测量可采用(高低速)二分量或三分量PIV、LDV,以及热线或热膜风速仪(恒温模式)。

3.2 专用风洞

3.2.1 立式风洞

ONERA里尔中心的立式风洞是一座配有开口试验段的低速埃菲尔式风洞。该风洞可在直径为4m的试验段内产生高达50m/s的上升气流。如图3.24所示,风洞装在一个直径为11m的圆柱体内,发动机室在其上方。第二个圆柱体的直径为17.5m、高度为36m,形成从建筑外部可见的塔体。安装在塔顶的800kW电机通过固定在其主水平轴上的立轴驱动一台13叶风扇。该风洞于1966年投入使用,现已基本现代化,同时也保留了原有的蜂窝器和收缩段。

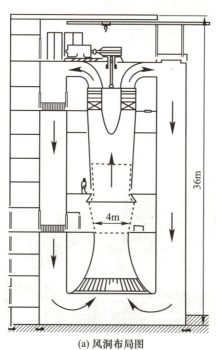

(a) 风洞布局图   (b) 外视图

图3.24 ONERA里尔中心立式风洞(来源:ONERA)

立式风洞最初是为了研究飞机自旋,即将模型抛入开口试验段,模型旋转的同时会在重力和气动力的作用下自由演变。这项技术因旋转天平已不再使用(图3.25)。这种动态系统可以再现飞机相对于其前进速度的各种姿态(大迎角和偏航),并将模型设置为旋转状态以研究旋转对气动系数的影响。该风洞非常适合预测飞机在飞行包线边界、临界失速和旋冲状态下的特性。立式风洞还可以用于预测自由落体机构(探测器、气球、小降落伞)的特性、潜艇的机动性、自由飞行伞兵的训练。风洞的自动操作系统可实现模型6个自由度的移动以及半自由飞行状态模拟(见2.5.2节)。

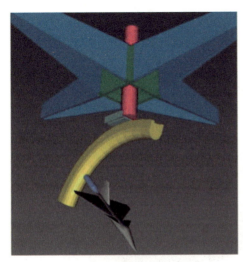
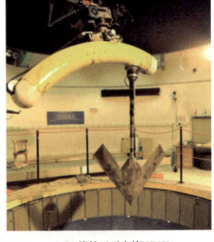

(a) 艺术效果图　　(b) 旋转天平上的UCAV

图 3.25　ONERA 里尔中心立式风洞的旋转天平(来源:ONERA)

3.2.2　气候风洞

位于南特 CSTB 的 Jules Verne 气候风洞旨在研究极端天气条件下,风和其他气候参数(如雨、沙、太阳、温度和雪)对建筑、车辆或任何其他全尺寸模型系统的综合影响。该设备由两个同心环组成(图3.26)。动态回路占据外环,由总功率为3MW的6个风扇运行;100m^2试验段流速可达100km/h,30m^2高速试验段流速可达280km/h。动态回路可以模拟大气中自然出现的大尺度湍流结构、高达200mm/h的降雨量、沙尘暴或热带风暴。

热回路内环独立于外回路,可模拟各种气候环境,如雾、冰、雪、阳光和多种降雨,可调温度范围为 -32～55℃。使用1.1MW的风扇时,最高速度可达140km/h(图3.27)。

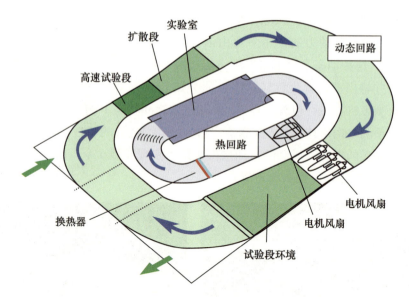

图 3.26　Jules Verne 风洞总布局(来源:CSTB)

图 3.27　Jules Verne 风洞的热回路风扇(来源:CSTB)

该半导向试验段有一个截面积可调的喷嘴(调节范围为 18~30m²)。试验区域长 25m、宽 10m、高 7m。冷却能力为 2MW 的换热器可以以 15℃/h 的速率控制温度。该风洞配有一条滚道,用于测试具有实际发动机负载的车辆

（图 3.28）。它是欧洲为数不多的能够再现积雪条件下（少量积雪或大雪）车辆行驶状况的风洞之一。

图 3.28　Jules Verne 气候风洞的大雪条件模拟（来源：CSTB）

3.2.3　结冰风洞

飞机积冰是由云层中的过冷水滴结晶而成的。在飞机表面（特别是机翼前缘或短舱）沉积成一层冰后，改变了机翼的几何外形，从而影响了机翼的升力和阻力。此外，积冰还会改变飞机的重量，从而导致严重后果。了解结冰的机理是设计和测试防除冰装置的必要条件，因此结冰风洞（IWT）是至关重要的。

IWT 能够在重复且受控的环境中复现认证要求，因此对飞机制造商和认证机构都有重要意义。IWT 是任何防除冰系统开发和认证的重要一环，也是结冰模拟验证计算机程序代码的一个有力工具。位于卡普亚的意大利航天航空研究中心（CIRA）是世界上最大、最先进的结冰风洞。其试验段可容纳各种各样的全尺寸实物，如发动机进气道、翼型、起落架、武器系统等。先进的测试设备使其可以评估待认证除冰系统的有效性，并提供任何不利于飞行安全故障的后果。

IWT 的设计目的是复现结冰认证规则中所规定的云条件。如图 3.29 所示，卡普亚 CIRA 风洞具有三个可以互换的试验段（所有试验段均高 2.35m，宽 1.15m、2.25m 或 3.6m），以便更好地适应不同模型尺寸、速度、云量以及流动均匀性。通过更换湍流过滤模块和结冰云生成模块，每种模型都可以进行气动试验或结冰试验。

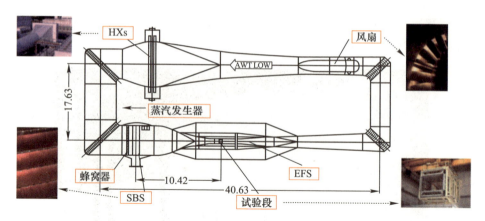

图 3.29　卡普亚 CIRA IWT 布局(来源:CIRA)

为了达到热平衡(而不是流场品质),IWT 试验段尤其是云雾生成段(喷杆)与发生积冰的模型滞止区之间的距离需要详细设计。风扇(包括其电机)设在风洞回路的拐角段。风扇的直径为 3.9m,最大转速为 750r/min,由 4MW 电机驱动。该风扇可以在试验段尺寸最小的部段内产生最大 225m/s 的速度。

配有 4 台压缩机的专用冷却站(总冷却能力为 6.4MW)使得高速试验段尺寸最小部段的最低温度达到 -40℃,其他试验段部段的最低温度达到 -32℃。该结冰风洞有一个独特的特点:其尺寸可以模拟 7000m 高空的压力,从而再现真实的飞行条件。这一能力对于研究结冰的相似律以及评估海拔高度对积冰形状的影响非常有用。在 CIRA 结冰风洞中进行的典型试验如图 3.30 所示。

(a) 高升力构型机翼末端的积冰

(b) 支线运输机进气道的结冰情况

图 3.30　IWT 典型试验(来源:CIRA)

结冰云发生器(喷管系统或喷杆系统(SBS))位于模型上游18m处,用于产生覆盖结冰适航认证规定的包络线以及连续与间歇条件的水滴。此外,SBS还能产生大的过冷水滴,再现冻毛毛雨。在常规空气动力试验中,为了实现低湍流度,喷洒模块可以替换为一个由三个过滤器组成的模块。结冰风洞的一个显著特点是需要保证风洞运行的持续性以及测定云层状况测量仪器的维护。减少测量结果的不确定性、改善云生成过程是IWT的两个主要技术发展领域。

3.2.4 消声室和气动声学风洞

普瓦捷PPRIME研究所的噪声-环境-运输-工程(BETI)消声风洞于2013年启用,位于普瓦捷大学下属的法国国立卡昂高等工程师学院(ENSI - Poitiers)校园内。该风洞是一个自由流埃菲尔式风洞,配有一个90m³的声学驻室,用于再现200Hz的自由场条件(图3.31)。它可以研究和优化障碍物周围的流动及相关声辐射。其主要特点如下:自由射流试验段的截面尺寸为0.7m×0.7m,长1.5m,收缩比为9,最大流速为60m/s(216km/h),湍流强度小于0.5%。

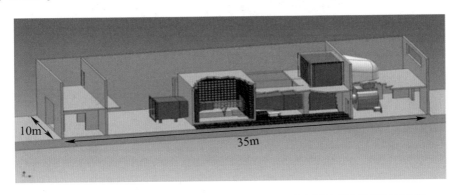

图3.31 普瓦捷PPRIME研究所的BETI风洞回路(来源:PPRIME研究所)

BETI风洞配有各种各样的测量系统,如用于模型姿态调整的三轴移动测量系统和旋转台、多达64个通道的数据采集系统、64个麦克风、用于壁压波动测量的天线系统,以及使用热线风速仪、LDV或PIV的速度场测量系统。这些设备可以识别、分析和控制噪声源(图3.32)。该风洞可用于地面运载工具构件或零部件的气动声学优化、与航空学有关的基础研究,或者气动声学测量技术的开发。

运输、能源和环境试验方案和手段(PROMETEE)平台(能源和环境运输项目与试验设施,见图3.33)的噪声和风洞装置代表了空气动力学和热学研究中

(a) 用于表征气动声源的天线网络　　(b) 用PIV测量逆台阶附近的速度场

图3.32　BETI风洞驻室(来源:PPRIME研究所)

心(CEAT)试验场现有气动声学风洞的发展。

图3.33　PPRIME研究所的PROMETEE平台(法国国家科学研究中心 (CNRS)–普瓦捷大学–ISAE–ENSMA)

　　该风洞主要用于研究消声环境中的空气射流,配有两个独立的消声回路,由两台可以调节温度和滞止压力的压缩机提供动力。每台压缩机传输1kg/s的质量流量,总压力为3.5bar,输出端的温度高达230℃。然后,由气对气换热器和电动阀对空气进行调节。

　　驻室构造和压缩机的大质量流量可以产生两个同轴射流或单一射流。射流直径是马赫数的函数,当马赫数为1时可达到75mm。第三回路可通过中心射流周围直径为600mm、流速为55m/s的射流来模拟"飞行效应"。该回路由风扇供电,包括一个冷却能力为137kW的冷却系统。如图3.34所示,风洞可以在射流排放到大气中时开环运行,也可以通过叶片系统闭环运行。消声室的容积为 12.6m×10.6m×7.85m,内衬锥形泡沫,以确保达到研究所需的声学性能。风洞配有各种测量系统,用于探测湍流射流区(图 3.35(a))、气动近场(图 3.35(b))和声场(图 3.36)。该设备的科学目标是发展和验证基于流体动力稳定性的射流噪声理论,使其能够在"自由"和"固定安装"构型中开发用于预测与控制的简化模型。

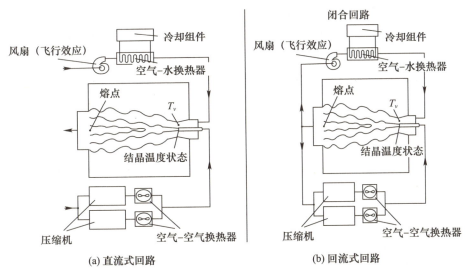

图 3.34 PPRIME 研究所"噪声和风"设施的运行模式(来源:PPRIME 研究所)

(a) 双平面立体高速PIV测量系统

(b) 带48个麦克风的近场天线

图 3.35 "噪声和风"设施的测试仪器(来源:PPRIME 研究所)

图 3.36 PPRIME 研究所的"噪声和风"设施中湍流射流声场中带 18 个麦克风的天线(来源：PPRIME 研究所)

自 20 世纪 80 年代初以来,里昂中央理工学院的流体传递与声学实验室(LMFA)声学中心运行着两个消声风洞。这两个风洞是开口试验段风洞与大型消声室相结合的结果(图 3.37)。超声速消声风洞由一台 350kW 的离心式压缩机连续供气(空气流量为 1kg/s),压缩机由空气和热水器冷却。在压缩机的出口处,空气流经一个干燥器,然后流经一个隔音、调节加热箱(72kW),最后流经一组粒子过滤器。该风洞用于不同直径喷嘴(20～60mm)的射流研究。在直径

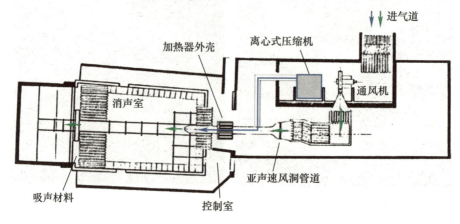

图 3.37 里昂中央理工学院 LMFA 消声风洞和消声室布局(来源：LMFA)

为 38mm 的收敛型喷嘴中,流动的马赫数可达 1.55。

亚声速消声风洞由一个 800kW 离心式风扇连续送风(最大质量流量 20kg/s)。空气回路配有隔音板、阻尼网和蜂窝器,以使湍流均匀。在回路的末端有一个边长为 560mm 的方形截面,其湍流度不超过 0.5%。根据所研究的构型,可在回路的出口处安装不同的收敛段。试验段的最大长度为 8m。马赫数 0.5 的流速对应 300m×400mm 的出口截面,而马赫数 0.8 的流速对应直径 200mm 的圆形截面。

这两个露天风洞都经过了声学处理,以消除影响测量的空气生成系统的噪声。两个风洞都有一个经过声学处理的 720m³ 消声室,以再现约 100Hz 的自由场条件(图 3.38)。当电机满功率运行时,消声室的残余噪声级小于 25dB(A),远低于所测气动声源的声级。

图 3.38　LMFA 的大型消声室(来源:LMFA)

这两个风洞配有相应的测试仪器以表征:

(1) 近场和远场噪声:主要利用消声室中布置的一组天线(117 个麦克风天线组成的阵列系统,13 个麦克风定向天线,与麦克风采集系统连接)。

(2) 流动特性:主要利用定常和非定常壁压测量、热线风速仪、LDV 或 PIV3C-2D(高采集频率)。

声学中心的风洞主要用于航空应用相关的基础研究:亚声速和超声速射流噪声(图 3.39(a))、风扇、高升力装置、起落架、地面车辆零部件或模型(图 3.39(b))以及气动声学的测试技术发展(光学方法、创新型壁压传感器、声源定位方法和天线)。

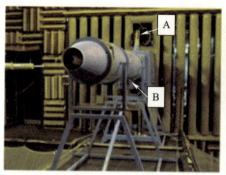
(a) 同轴射流的气动声学：(A)主流，(B)二次流

(b) 陆地车辆模型的空气动力学和气动声学

图 3.39　LMFA 气动声学风洞研究实例(来源：LMFA)

为了充分研究超声速射流在飞行条件下的声学特性，可对图 3.39(a)装置中的射流进行耦合。来自超声速喷嘴的气流作为主射流，由亚声速喷嘴产生二次射流(与涡扇发动机的条件类似)。

如图 3.40 所示，ONERA CEPRA19 消声风洞配有一个截面为 9m×9m 的上游稳定段，稳定段装有一个滤尘器、隔音板、湍流筛网和一个蜂窝器。喷嘴的出口直径为 3m 或 2m(具体取决于试验装置)。消声室(试验段)的形状大约为球形的 1/4，内半径为 9.6m。该风洞由一个收集段-扩散段、一个风扇消声器和一个由 7MW 电机驱动的离心式风扇组成。在非常好的声学环境(反射噪声最小)和非常低的背景噪声(200Hz~80kHz 频带)下，最大流速为 130m/s。作为欧洲降噪项目的一部分，大直径自由射流喷嘴使研究 1/11 比例的飞机模型成为可能。

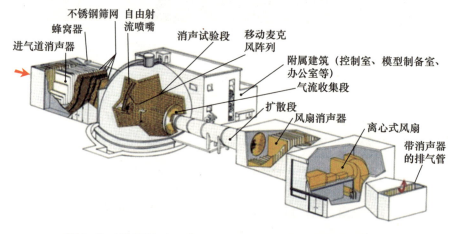

图 3.40　ONERA CEPRA19 风洞的通用结构(来源：ONERA)

CEPRA19 风洞非常适合用于喷气推进噪声研究（最大直径等于 0.3m），使用丙烷燃烧器时，其温度可以达到 1150K，二次射流温度为 500K。风洞配有常规的多孔探头和三分量 PIV 测量系统。采用两组各配 12 个麦克风的圆弧阵对自由场声学方向性进行测量，以表征"飞行"方向（在航迹轴线上）和"边线"（在跑道侧面上）上的声级，为起降的声学适航认证提供依据。此外，该风洞还可以通过声学天线系统识别噪声源（图 3.41）。这些传感器阵列配有精密麦克风，可容纳多达 260 个（采样系统频率高达 260kHz）。

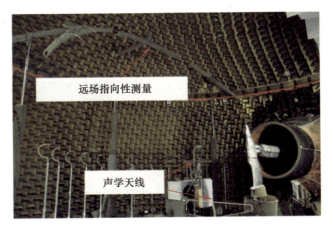

图 3.41　CEPRA19 风洞中电机安装对射流噪声影响的研究（来源：ONERA）

CEPRA19 风洞中进行的研究涵盖了各种各样的应用，其中最常见的是飞行中的射流噪声特性和喷嘴模型试验（图 3.42）。其他应用也充分利用了这种消

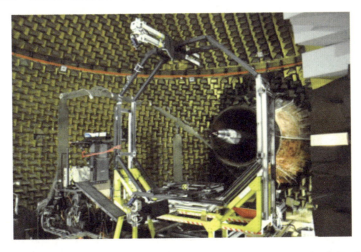

图 3.42　用于研究 CEPRA19 风洞射流噪声的三分量 PIV 测量系统（来源：ONERA）

声风洞(特别在风扇以及电机安装、高升力装置和起落架噪声的影响方面)的性能。该风洞还用于陆地车辆、高速列车和汽车的声学研究。

3.2.5 气动和声学两用风洞

ISAE – SUPAERO 的 SAA 气动声学风洞是一个研究型风洞,其容积为 $8m \times 9m \times 9m$ 的消声室主要用于自由射流模式下的气动声学研究,截面面积为 $1.8m^2$、长 6m 的可拆卸试验段则用于常规的空气动力学研究(图 3.43)。该风洞由一个靠一台 900kW 直流电机供电的风扇驱动。在自由射流和闭式试验段构型中,流速均可在 $0 \sim 80m/s$(马赫数 $0 \sim 0.24$)之间连续变化,这与民用运输机在起降阶段的速度一致。

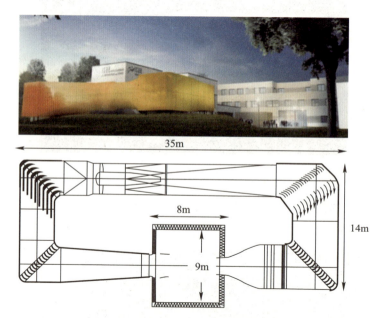

图 3.43　ISAE – SUPAERO 的 SAA 气动声学风洞(来源:ISAE – SUPAERO)

气动声学回路配有经过声学处理的隔音壁和挡板,以限制消声室内风扇产生的噪声传播。驻室配有多个湍流格栅、一个蜂窝器和经过声学处理的隔音壁,再加上高收缩比的收缩段,使得开口或导向试验段的湍流强度低于 0.1%。

闭式试验段的侧壁为不透明或透明的可拆卸板(可按照试验要求调整)。消声室配有锥形消音器,其截止频率为 200Hz,背景噪声小于 40dB。使用可拆卸的电动下壁板可快速、方便地进入模型,考虑到消音室的大小,这一点非常重要。

SAA 风洞主要用于航空相关的基础研究或应用研究,如以下两点:

（1）飞机和无人机的气动声学，用于降低高升力装置、起落架、转子等产生的噪声。

（2）飞机和无人机的空气动力性能改善（通过测试流动控制装置的效率、减阻等方式）。

3.3　用于地面运载工具的风洞

3.3.1　规范

用于地面运载工具和铁路试验的大多数风洞都配有一个回转带用以模拟移动的地面。风洞下壁板由滚动系统（滚道）驱动的皮带取代，其速度与上游流动的速度相同，即与车速相等。图3.44通过水洞中的流动可视化说明了活动下壁板对汽车模型周围流动的影响。回转带的宽度可以大于也可以小于车辆的整体宽度。

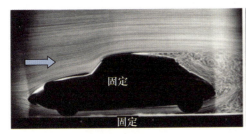
(a) 固定下壁板

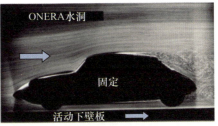
(b) 以流速移动的下壁板

图3.44　研究地面效应的水洞中Citroën DS21模型绕流的流动显示结果（来源：ONERA）

一些风洞装有一系列带换热器的滚道以控制试验段的空气温度，并通过改变车轮阻力扭矩再现行驶条件。然后，在发动机运转且齿轮啮合的情况下进行这些试验。在这种情况下，利用底盘测功机模拟轮胎在路面上的滚动，从而再现特定的附加载荷，如大篷车或拖车。其他一些风洞提供无扭矩的前轮和/或后轮旋转系统。这些系统可以更好地再现车轮周围和轮拱内的流动，以及车身底部流动和车辆尾流的相互作用。也可以利用自动温度和流量测定系统测试与调整水、空气或油冷却系统。一些风洞中还配有能模拟有风或无风时降雨影响的给排水系统，以及能够复现降雪条件的装置（见3.2.2节）。

3.3.2　长试验段风洞

圣西尔IAT拥有研究内外流空气动力学或气动弹性相关领域的设施，应用于各个领域尤其是航空、汽车、铁路和土木工程等领域。

长试验段风洞(SVL)是一个带 15m 长试验段的回流式风洞,配有一条长度为 6m、工作宽度为 0.4m 的滚道,可利用回转轮重构地面效应(图 3.45)。风洞的最初设计目的是研究不同类型列车的阻力(图 3.46),其尺寸也使其适合用于土木工程研究。

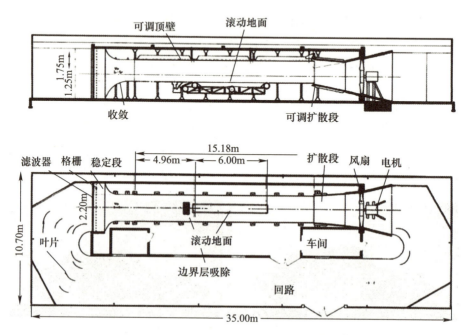

图 3.45 长试验段风洞(SVL)布局(来源:IAT – CNAM)

图 3.46 长试验段风洞(SVL)双层 TGV 研究(来源:IAT – CNAM)

虽然 2.2m 宽的试验段为实心墙,但上壁板的倾斜度可以调整,以便调节固体阻塞对整个试验段的影响,确保压力梯度为零。滚道的最大速度等于试验段内的最大流速,即 40m/s。活动下壁板上游 0.5m 处安装的边界层抽吸装置,可以减小模型上游边界层的厚度(无抽吸时为 17mm,有抽吸时为 9mm)。该风洞还配有常规的定常和非定常压力测量系统。

3.3.3 全尺寸汽车风洞

IAT – CNAM 的 S4 和 S10 风洞用来进行全尺寸汽车空气动力试验。S10 风洞还可用于研究 2/5 比例的模型。为了容纳适应风洞特点的多种车辆或模型,并满足航空、铁路、土木工程或风力发电等其他领域的研究需要,还对风洞进行了特殊处理。这些回流式风洞具有相似的特性。其试验段(宽 5m、高 3m、长 10m)配有通风的侧壁和上壁(图 3.47)。这些带纵向槽的洞壁减少了由于模型的存在而在试验段中形成的阻塞。下壁板上安有一个边界层抽吸系统,以便更好地反映地面的流动情况。S4 和 S10 风洞(最大流速分别为 40m/s 和 55m/s)收缩段的收缩比分别为 4 和 7.7。

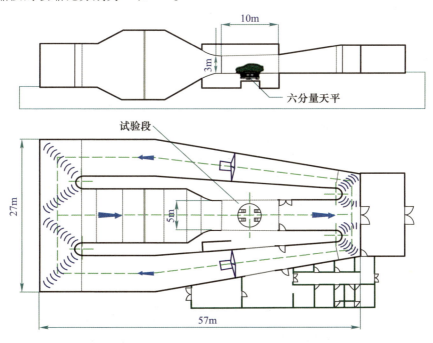

图 3.47 S10 风洞回路布局(来源:IAT – CNAM)

S4 和 S10 风洞都配有一个带六分量气动力天平的转盘(S4 和 S10 风洞的转盘直径分别为 4m 和 4.34m),其中 S4 风洞配有一条滚道。图 3.48 是一辆正在

S4 风洞进行试验的赛车。

图 3.48　S4 风洞中的赛车(来源:IAT – CNAM)

S4 和 S10 风洞还配有专用设备,如用于模拟雨水和污物的注水坡道。

设计 IAT – CNAM S6 风洞的目的是对大型车辆(卡车、客车和军用车辆)进行气动热研究。其矩形试验段的可调宽度范围为 4～6m(侧壁位移),固定高度为 6m,长度为 17m(图 3.49)。位于试验段上游的 27 台风扇产生的最大风速为 20m/s。

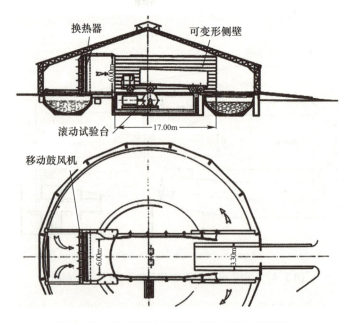

图 3.49　S6 风洞布局图(来源:IAT – CNAM)

S6 风洞配有一条最大功率为 315kW、车轮最大力为 4000N 的滚道,主要用于道路模拟试验(交流发电机的续航时间、制动系统的冷却)。利用 750kW 热风发生器可在试验段再现高达 55℃的温度。阳光则由 180 个功率为 $1.2kW/m^2$ 的红外线灯模拟(图 3.50)。该风洞的尺寸还适用于其他领域的研究,如风效应、航海或低速航空。

图 3.50 S6 风洞中可控光照条件下军用车辆的内部通风研究(来源:IAT - CNAM)

2003 年,为了满足汽车工业的需要,一个经济利益集团空气动力学和气动声学风洞(GIE S2A)联合标致雪铁龙集团、雷诺集团和法国国立工艺学院(CNAM)在蒙蒂尼勒布勒托讷市建立了一个功率为 3.8MW 的高精尖风洞。全尺寸风洞 GIE S2A 是测试具有所有真实细节的全尺寸地面运载工具的一种有力手段。

作为一个回流式风洞,全尺寸气动声学(S2A)风洞在截面为 $24m^2$ 的试验段内的最大速度可达 240km/h,可用来研究真实运载工具的空气动力学和气动声学(图 3.51)。该风洞由一台 3.8MW 的电机驱动,而且开口试验段较好地协调了试验段尺寸与大侧滑角下的明显阻塞效应。该风洞还允许将声学测量设备安装在流动的一侧,气流的范围外(图 3.52)。

为了模拟地面效应,风洞在以来流速度运行的车轮之间设有一条中置滚道,并在每个车轮下安装有一根皮带。风洞还配有一个转盘,可以使车辆定向在相对于气流的一定角度。驻室(半消声室)的侧壁和顶壁,以及部分回路都装有泡

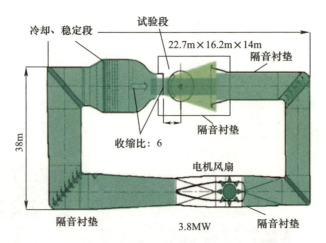

图 3.51　蒙蒂尼勒布勒托讷 S2A 风洞布局（来源：S2A 风洞）

图 3.52　S2A 汽车风洞试验室（来源：S2A 风洞）

沫板,以保证在 160km/h 的条件下,背景噪声(200~1600Hz 的频段内)低于 58dB。三轴移动测量臂(图 3.52 的左图)可在车辆周围的整个空间内安装测量探头。控制回路保证全年试验尤其是气动声学试验所需的温度在 15~25℃ 之间。气动力由六分量天平测量,车辆通过车轮和装配油缸支撑在该天平上(见 8.2.4 节)。

　　该风洞的滚道和边界层抽吸系统接近道路上车辆的实际情况,因此它即使不是全世界,也是全欧洲此类风洞中最好的风洞之一。该风洞主要用于研究车辆的空气动力学,特别是减阻方面,这与减少燃料消耗和二氧化碳排放的目标直接相关。它的第二个用途是控制气动噪声源,以提高乘客的舒适度。

利用 PIV 系统、压力传感器、风速计和可视化工具可进行精细的流动分析。图 3.53(a)展示了在模型上游喷烟雾的可视化试验。

(a) 烟雾可视化　　　　　　　　　(b) 用配备耳级麦克风的人体模型进行声学测量

图 3.53　S2A 风洞中雷诺 CLIO IV 试验(来源:S2A 风洞)

声学测量采用全息摄影术和波束形成技术,包括在镜子甚至人体模型上进行局部测量,以测定司机和乘客接收到的噪声(图 3.53(b))。波束形成是一种声学测绘技术,需要在与待研究对象平行的平板天线(网格)上布置大量的麦克风(至少 60 个)。试验室的尺寸和背景噪声级也允许对建筑物和航空工程进行气动声学试验。

同一地点的一个较小风洞用于 2/5 比例的模型试验,其最大流速为 240km/h,可使用六分量天平测量气动力。除汽车应用外,该风洞还用于自行车和无人机试验。

马尼库尔 ACE 成立于 2002 年,完成了以赛车运动领域为主的大量空气动力学研究。该实验室设有一个回流式风洞,其试验段宽 2.3m、高 2.2m、长 4.75m(图 3.54)。收缩比为 7,使用 250kW 风扇时,在 40m/s 的最大速度下,湍流强度为 0.1%。风洞可装配一条长 3m、宽 1.5m 的滚道,在 25%~50% 的模型缩比范围内,滚道的最大运行速度达到 40m/s。另外,上游边界层的空气可以被抽吸。风洞安有一个六分量主天平和其他三分量天平(翼、轮)。除测力外,风洞仪器还可实现表面油流可视化、壁压和 PIV 测量。图 3.55(a) 是一个原型模型,该模型在一个比其更宽的滚道上进行试验,然后由安装在顶部的起侧向支撑作用的桅杆固定,以测量车轮上的力。为了测定许多其他构型(如自行车、摩托车、飞机、建筑物等)上的溜滑力,滚道可用一个直径为 1.5m 的转盘取代。图 3.55(b)所示为一个在比赛用摩托车上进行的试验,为了确定其最优的空气动力位置。

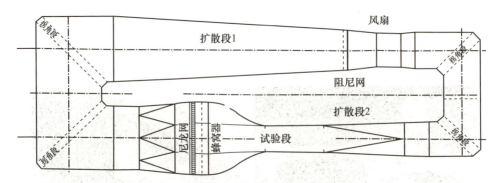

图 3.54 马尼库尔 ACE 风洞布局图(来源:ACE)

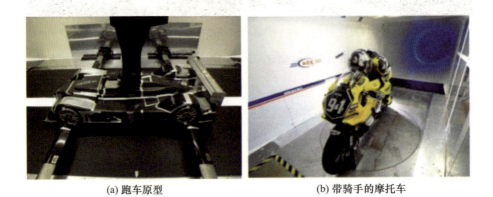

(a) 跑车原型　　　　　　　　(b) 带骑手的摩托车

图 3.55 马尼库尔 ACE 风洞(来源:ACE)

3.4 水洞

3.4.1 一般说明

严格地说,水洞不是一种气动方法,但它一直广泛应用于研究气动物体周围的低速流动。使用水洞的理由是,空气在低速时可被视为一种不可压缩流体,就像水一样。极低速水流(接近 1m/s)通过注入染料或流体示踪剂非常适合可视化,从而突出分离和涡的形成。这些示踪剂既可以注入模型的上游,也可以通过模型壁上的孔注入,还可以使用其他更复杂的技术(见 7.3 节)。水洞的主要缺点是可实现的雷诺数较低,而这个缺点在研究较大的分离区域时是次要的(这些区域的形成和发展不太依赖雷诺数)。因此,水洞已广泛用于研究三角翼、底部流动和三维分离结构的涡形成。其存在三种布局:

（1）回流式水洞。回流式水洞的结构类似于回流式风洞，其水的循环由水泵保证，如 ONERA Thales 水洞（图 3.56）。例如，这类水洞非常适合用 PIV 进行局部测量。另外，水洞内循环的水迅速受到污染，因此难以通过注入有色液体进行流动显示。这类水洞主要用于真实的水动力研究（如气穴现象）。

图 3.56　ONERA Thales 水洞试验段（来源：ONERA）

（2）水槽。水槽（或水动力通道）由一个长槽组成，其中模型由一个外部滑架拖曳。该设备可根据水洞的长度，在一段时间内提供可控流速。ONERA 里尔中心的水槽长 22m、宽 1.5m、深 1.5m（图 3.57）。该设施用于空气动力学研究，研究时模型悬挂在台车上。此外，还利用台车上安装的倾斜液压制动器进行了

图 3.57　ONERA 里尔中心的水槽（来源：ONERA）

水动力冲击研究,而将仪表化模型固定在台车的末端。在20世纪80年代早期,为了实现水循环安装了一个电动泵。21世纪早期,该水槽曾用于研究台车上安装的或水循环模式下的扑翼(适用于微型无人机)。通过在该水槽中注入染料的方式,首次实现了雷诺数在300~30000范围内力的测量和可视化。此外,还使用PIV进行了船尾流试验。

(3) 直立式水洞。直立式水洞在重力作用下工作。在加满水箱并达到水平衡后,打开下游阀排空水箱以在试验段内形成流动(图3.58)。这种设备具有设计简洁、使用方便等优点,被染料污染的水会立即被抽空,使得该设备非常适用于流动显示。另外,由于有效的试验时间较短,且当储水池排空时,流速随驱动压力的下降而变化,导致定量测量较为困难。

图3.58 重力驱动的ONERA TH2水洞(来源:ONERA)

3.4.2 低速水洞

1996年,ONERA里尔中心建造了一座立式低速水动力风洞(THBV),以研究三维空气动力现象和非定常流动(图3.59)。该水洞有一个截面积为300mm^2、长度为1.5m、最大持续流速为1m/s的方形试验段。试验段配有带纹影和干涉测量特性的玻璃窗,其尺寸为265mm×465mm。玻璃窗在两个垂直方向和试验段的两个部分都是可以互换的。可在洞壁处或洞壁之间安装模型支撑。该水洞配有一块将收缩段分成两个通道的分隔板。使用双泵系统可在试验段入口处产生不同流速的水流。支杆式天平和剪切流专用天平完成了仪器仪表的配置,包括通过激光片或带热标记的纹影技术进行的染料显示(见7.5.1节),以及通过热膜风速仪、PIV 或 LDV 进行的局部测量。

(a) 实验室全视图　　　　　　　(b) 激光片可视化

图3.59　ONERA 里尔中心的低速水洞(来源:ONERA)

3.4.3　用于极谱测量的水动力风洞

极谱测量法基于某些氧化还原对在水溶液中的扩散特性。该方法需要使用由电解液隔开的测量电极(阴极)和反电极(阳极)组成的电化电池(极谱)。闭合阳极与阴极之间的回路会产生氧还原反应,从而促使测量电极上的化学成分发生演变。这种演变可以得到瞬时表面速度梯度,从而得到局部表面摩擦力。极谱溶液必须具有牛顿特性,才能再现壁面附近黏性子层的线性特性。为了限制化学运动学对测量的影响,化学反应必须大致满足瞬时且可逆。

上法兰西综合理工大学(前身 Université de Valenciennes et Hainaut – Cambrésis)流体槽用于极谱测量,由一个驻室、一个收敛段、一个水平试验段、一个换热器和一个与发动机相连的风扇/螺旋桨组成(图3.60)。水槽的构件主要由聚甲基丙烯酸甲酯(PMMA)和聚丙烯、化学惰性和电中性材料制成。使用直流电机以确保不会干扰电化学测量。

内径为1.4m 的驻室包含一个作为整流器的蜂窝器,第二个过滤器则安装在试验段的下游。收缩段的收缩比为17,试验段中心位置的湍流强度小于

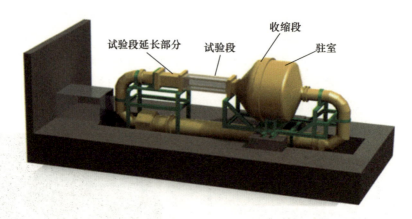

图 3.60　上法兰西综合理工大学的水动力风洞

1.5%。试验段的方形横面为 0.09m²、长度为 1.2m,四面都有透明的可移动墙。试验段延长部分(长度为 0.65m)延长了试验段。流体由一台功率为 52kW、标称转速为 940r/min 的直流电机驱动。利用这些电机驱动回路中安装的螺旋桨,可使试验段的流速达到将近 4m/s。

第4章
跨声速风洞

4.1 跨声速状态的定义

由于飞机绕流流场不均匀,即使在亚声速来流条件下,也可能存在局部超声速区,这就是跨声速状态,即亚声速区和超声速区共存的状态。这种情况大大改变了气流的局部特性。跨声速现象是第一次尝试跨越声障,即以大于声速的速度飞行($Ma>1$)时,造成多次失败和坠毁的原因。同样地,在超声速来流条件下,若局部亚声速区的范围很大,则可能会影响整个流动。亚声速区和超声速区的共存所引起的气动现象很复杂,因此引入跨声速飞行状态的定义很有必要。在马赫数 0.7~1.2 的飞行条件下,跨声速现象可能十分明显,这是目前所有商用喷气式飞机的巡航条件。

由于跨声速现象的临界性、战略重要性及其要解决的特殊设计问题,自由流速度接近声速的跨声速风洞已成为许多研发的重要课题。如图 5.1 所示,在马赫数 1 的附近,试验段横截面积的一个微小变化会使流动从亚声速变成超声速,其气动特性将发生巨大变化。同理,位于试验段的模型使其附近试验段的有效横截面积减小,形成喉道,并由此在模型区产生局部声速,从而引起流动的声速阻塞。在 20 世纪 50 年代,各种消除流动阻塞的技术都是保密的。

4.2 减少和消除流动阻塞

4.2.1 孔壁或槽壁

减少和消除流动阻塞的快速方法是在试验段安装孔壁,孔洞与驻室连通,引导一部分气流进入驻室,如图 4.1 所示。

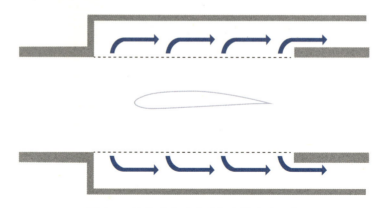

图 4.1 消除跨声速试验段中的流动阻塞

这使试验段产生了一个虚拟的增宽效果,避免了声速喉道的产生。图 4.2 是在 ONERA 默东中心使用孔壁的 S3Ch 风洞中安装的机体推进后体底部区域的一个研究装置。

与孔壁原理类似,同时为了减少孔洞对流动的干扰,可使用纵向开槽取代开孔,形成槽壁(图 4.3)。然而,无论是孔壁还是槽壁都无法完全再现大气中真实飞行的飞行器的绕流流场。此外,孔壁孔洞的特性类似谐振腔,能够产生气动噪声,从而触发模型表面边界层过早出现层流-湍流转换。同时,无论是孔壁还是槽壁都会给需要考虑模型周围所有影响因素(包括风洞的洞壁)的数值模拟带来极大困难。

图 4.2 使用孔壁的 S3Ch 风洞中的机体后体构型(来源:ONERA)

图 4.3 使用槽壁的 ETW 风洞。显示驻室的试验段下游视图(来源:ETW)

4.2.2 自适应壁

较新的技术是在试验段使用自适应壁,自适应壁能够变形为安装在封闭的直线试验段中模型的绕流流面形状。壁面的变形首先确保流动不会因试验段截面的局部增大而阻塞,其次补偿了模型产生的扰动,以使模型的试验环境更接近无边界的自然环境。此修正方法通过改变壁面形状,使其曲率与模型在无界自由来流中的绕流流线相同。自适应壁通常应用于二维流动,在二维流动中试验段只需上下洞壁使用自适应壁即可。

在实际应用中,跨声速试验段的上下自适应壁分别由一块使用千斤顶驱动变形的柔性钢板组成(类似柔壁喷管,如图4.4所示),并配有测压孔。自适应基于对比这些测压孔的压力分布与模型存在时远场均匀流体的压力分布来实现。这种虚拟的理论上的远场流动在风洞中实际是以试验段壁面为边界条件而确定的,因此壁面形状应是理论上的流线形状。远场的压力分布计算可通过近似解析法(离模型足够远的远场来流),或者数值求解欧拉方程及纳维尔-斯托克斯方程来完成。计算得到的压力分布通常不同于自适应壁变形前测得的壁面压力分布,自适应过程就是通过使壁面变形,直至测得的压力分布与计算的压力分布一致。外流的计算可结合使用最小二乘法的优化算法和高斯-牛顿算法来找到最优壁面形状。该过程的收敛速度非常快,通常两次迭代就已足够。此时,试验段的条件即可视为无限空域中的流场条件。实现自适应壁校正模型引起的阻塞效应需要一个复杂的系统,该系统由一组控制壁面变形的千斤顶和一台按照所需马赫数计算所需壁面形状的计算机组成。

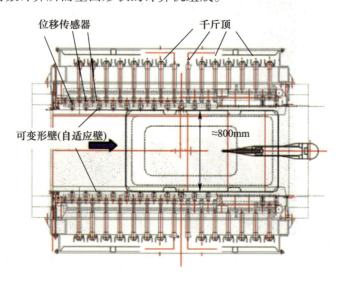

图 4.4 ONERA 默东中心 S3Ch 风洞的自适应壁(来源:ONERA)

图 4.5 显示了在配备自适应壁的 S3Ch 风洞试验段中用于测量翼型上的力和力矩的装置。该装置在试验段侧壁上安装有一个六分量天平(图中未显示出来)。

图4.5 在配备自适应壁的 ONERA S3Ch 风洞试验段中,通过六分量天平测量翼型上的力和力矩的装置(来源:ONERA)

4.2.3 扰动反射

在设计跨声速风洞时遇到的另一个困难是高马赫数状态(来流马赫数 1~1.3)的超声速扰动的传播。该扰动由模型产生,沿马赫线传播,马赫线相对于来流速度矢量的角度等于马赫角:

$$\alpha = \arcsin\left(\frac{1}{M}\right) \approx 90°$$

在马赫数 1 附近,该倾斜角接近 90°,扰动波也以接近 90°的角度通过试验段壁面反射,这可能反射到模型上,从而对模型产生影响(图4.6)。这是一个非常严重的问题,除了试验模型尺寸非常小(与试验段的尺寸相比)或开展自由飞

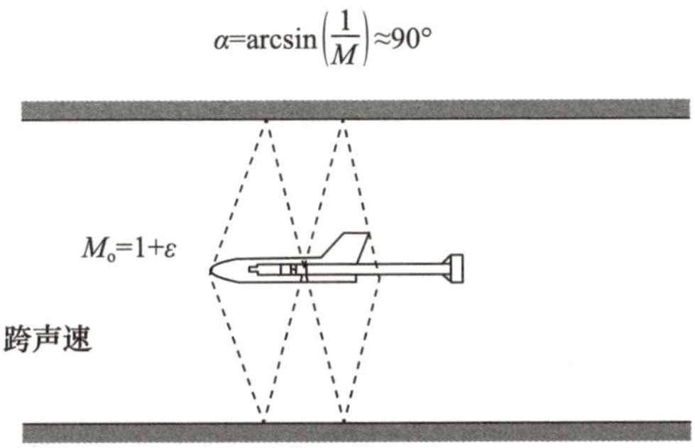

$$\alpha = \arcsin\left(\frac{1}{M}\right) \approx 90°$$

$M_0 = 1 + \varepsilon$

跨声速

图4.6 超声速流动中试验段上壁板和下壁板对扰动波的反射

试验,几乎没有补救措施。因为需要壁面的局部曲率来达到超声速,因此在跨声速风洞中用壁面的局部变形来补偿波反射的方法是很难实施的。

4.2.4　双喉道扩散段

跨声速风洞通常在试验段的下游或扩散段安装一个喉道,即第二喉道。第二喉道通常由调节板制成的移动壁板组成,形成一个收缩扩张超声速喷管,启动风洞需要经过两种流态。首先,根据局部截面积与喉道截面积的比值,设定启动超声速喷管的马赫数(见 5.1 节);其次,通过调整第二喉道的截面积以非常精确的 $|\Delta Ma|\leqslant 0.001$ 控制试验段亚声速部分流场的马赫数。下游喉道扩散段的超声速流动阻止了试验段下游产生的扰动向上游传播。因此,试验段的流场不受风洞风扇运行时产生的轻微波动的影响。风洞运行中必须考虑在第二喉道收缩扩张喷管中实现弱超声速流动所需的较高功率。图 4.7 所示为 ONERA 默东中心配有第二喉道的 S8Ch 跨声速风洞的试验段。

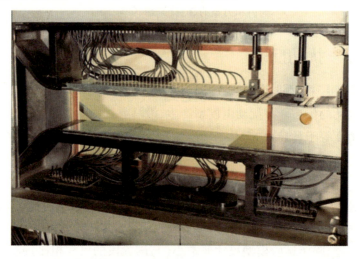

图 4.7　配有第二喉道的 ONERA S8Ch 风洞试验段(来源:ONERA)

4.3　典型的跨声速风洞

4.3.1　超大型跨声速风洞

图 4.8 中三维装配图所示的 ONERA Modane - Avrieux 中心超大型 S1MA 跨声速风洞配备两个直径为 15m 的对转风扇,分别拥有 10 个和 12 个可调距的叶片。风扇由冲击式水轮机(每台容量为 44MW)驱动。

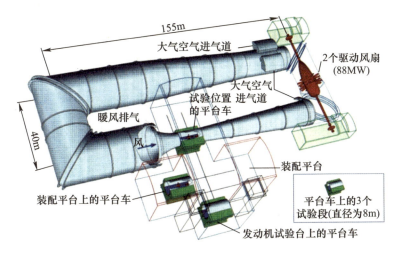

图 4.8　ONERA Modane–Avrieux 中心超大型 S1MA 跨声速风洞（来源：ONERA）

驱动风扇的水轮机每年从法国电力公司（EDF）管理的几个水库获得 $1\times10^7\,\mathrm{m}^3$ 的水，通过阿尔卑斯山-阿尤克斯（Avrieux）上方的大坝，以 840m 高的落差和 $15\,\mathrm{m}^3/\mathrm{s}$ 的水闸流量获得驱动能量。通过通风口与大气进行气体交换，确保风洞冷却。S1MA 风洞试验段的直径为 8m、长度为 14m，使之成为世界上最大的跨声速风洞，该风洞有 3 个可互换的试验段安装在平台车上，以确保易于更换模型和快速更换试验段，从而开展各种模型风洞试验（图 4.9）。

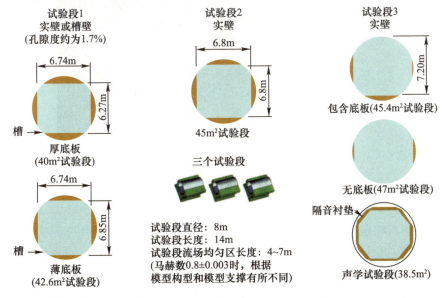

图 4.9　ONERA S1MA 跨声速风洞试验段的不同结构（来源：ONERA）

其中一个试验段可以配备实壁或槽壁。通过控制风扇转速从 25~212r/min，马赫数可从 0.05~1.0 连续调整。总压约等于当地大气压力，即 0.9bar（0.09MPa），总温范围为 258~333K，根据马赫数和温度，在马赫数 1.0 时，雷诺数约 10^7/m。

风洞配套了非常完善的气动特性试验技术，包括测力、定常和非定常测压（特别是 PSP 测压技术），在流场特性测量方面，包括热通量红外热成像、烟迹或油流（黏性涂层）可视化，以及萘升华转捩检测试验技术，并拥有各种转台可以开展喷气推进、直升机旋翼、螺旋桨及进气道试验。

该风洞还可以进行结冰试验并探测模型周围的流动。在 S1MA 风洞中完成的试验包括六分量天平全机测力试验、直升机旋翼试验、全尺寸导弹试验、短舱/吊架/机翼干扰试验（短舱安装 TPS，见 2.7 节），以及挂载分离试验、边界层抽吸对层流的控制试验和进气道试验等。图 4.10 所示为开展战斗机发射导弹试验（CTS 试验）的装置。在该试验装置中，导弹模型由计算机远程控制的机械臂支撑，同时测量导弹的气动力（矩）并控制导弹的位置。

图 4.10　ONERA S1MA 风洞中战斗机导弹分离试验（来源：ONERA）

4.3.2　研究型跨声速风洞

ONERA 默东中心 S3Ch 风洞是一个研究型风洞，其尺寸适用于研究部件构型，如翼型、机身后体、机翼短舱等。其马赫数范围为 0.3~1.2，总压接近大气压力，总温范围为 290~330K。模型区上游来流的平均湍流度为 0.15%。

该风洞由功率为 3.5MW、压缩比为 1.25 的两级动力装置驱动。试验段（图 4.11）的横截面尺寸为 0.76m×0.80m，长度为 2.2m。试验段上下壁板配备刚性孔壁或可变形自适应壁(见4.2.2节),是其独特之处。侧壁配备光学观察窗以开展光学测量试验。风洞配备使用内置天平的轴向模型支架(尾部支撑),在确保模型旋转中心基本位于风洞轴线条件下,迎角和侧滑角范围可达60°。还可通过外置天平或内置天平将模型安装在风洞侧壁上,此时迎角范围可达360°。该风洞还能提供压力为40bar(4MPa)、温度为300K、流量为2kg/s高压气体以开展喷气推进或TPS试验(图4.12)。另外,风洞还配有一个90kW的加热器,该加热器能提供流量为0.5kg/s的高温气流,可以模拟温度600K的高温射流。

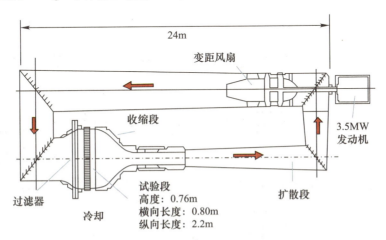

图4.11 ONERA 默东中心的 S3Ch 跨声速风洞回路(来源:ONERA)

图4.12 装备TPS设备的A340机翼模型安装在ONERA S3Ch跨声速风洞的试验段中。模型安装在使用自适应下壁板的试验段的侧壁上(来源:ONERA)

该风洞具备 PSP 和 PIV 试验技术用以流场诊断及定常或非定常压力分布测量,拥有二分量和三分量 LDV 用于开展速度场测量试验,以及其他各种可视化试验方法。该风洞也被广泛用于层流-湍流转捩控制研究。

4.3.3　跨超声速风洞

ONERA Modane-Avrieux 中心的 S2MA 风洞是一座马赫数范围为 0.3~3.1 的跨超声速风洞。该风洞是一个连续回流式风洞,由水轮机驱动的压缩机运行,水轮机可产生 55MW 的功率,与 S1MA 风洞采用的驱动系统类似(图 4.13)。

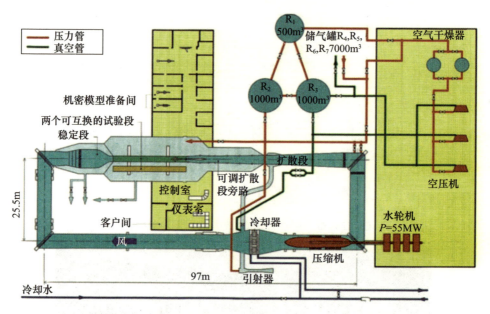

图 4.13　ONERA S2MA 三声速风洞结构(来源:ONERA)

其中,亚跨声速试验段横截面为 1.77m 高、1.75m 宽,上下壁板为孔壁。超声速试验段横截面为 1.95m 高、1.75m 宽。如图 4.14 所示,超声速喷管具有非对称的上下型面,可变形的下壁板可以改变喉道的高度和喷管扩张段的几何外形,从而使马赫数在 1.5~3.1 之间连续变化。下壁板型面的计算必须确保试验段马赫数均匀。

在跨声速运行过程中,总压范围为 0.025~0.25MPa;超声速运行中,总温低于 313K,总压范围为 0.025~0.175MPa。图 4.15 从马赫数和雷诺数两个方面展示了风洞的运行范围。值得注意的是,该风洞可在接近支线喷气式飞机巡航状态的流场条件下开展试验。

该风洞具有完整的流场诊断和测量试验技术,包括定常和非定常压力测量、

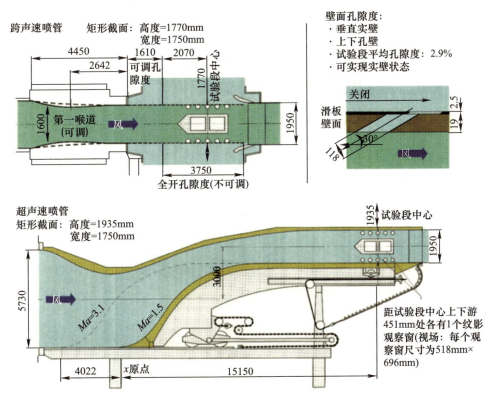

图 4.14　ONERA S2MA 三声速风洞的超声速试验段（来源：ONERA）

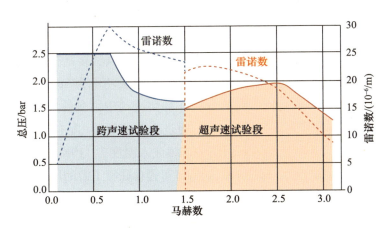

图 4.15　ONERA S2MA 三声速风洞的运行范围（来源：ONERA）

内置天平或壁面支撑天平气动力（矩）测量、流动显示、PIV 和 PSP 试验技术。风洞还配备了能够模拟高温或超高温（高温燃气）喷气推进的试验技术。在 S2MA 风洞中进行的试验包括进气道试验、挂载分离试验、动态稳定性试验、颤振试验、短舱/吊架/机翼干扰和横向射流研究。图 4.16 所示为公务机模型的测量装置,可以看到上下孔壁。

图 4.16 ONERA S2MA 风洞中安装的公务机模型(来源:ONERA)

4.3.4 低温增压风洞欧洲跨声速风洞

位于科隆的 ETW 是一个低温增压风洞(见 2.2 节),由包含在隔热、增压不锈钢外壳中的一个闭环式气动回路组成(图 4.17)。风洞靠氮气运行,氮气的热力学性质与空气几乎相同(比热比值 γ 相同)。最大功率为 50MW 的压缩机保证了氮气的循环。为了达到所需的低温并补偿流动中因黏性摩擦而产生的热量,在扩散段的下游和驱动风扇的上游,通过 4 个喷射器(配有约 230 个喷嘴)向第一拐角段导流片后方的风洞回路中连续注入温度为 110K 的液氮。液氮会立即蒸发,形成低温气流。对应的氮气出口布置在驻室上游的风洞回路中,由阀门控制。氮气的排放按照风扇的转速和液氮的质量流量进行相应的调整,以保持风洞内的压力恒定。试验段的下游有一个可调节的第二喉道,用于减少向上游传播的气流扰动,并在马赫数范围为 0.7~1.0 时提高风洞运行马赫数的控制精度。

试验段高 2m、宽 2.4m、长 9m。风洞配有跨声速槽壁试验段和马赫数为 1.35 的超声速喷管。根据试验段的尺寸,全模试验时典型的全翼展飞机模型的

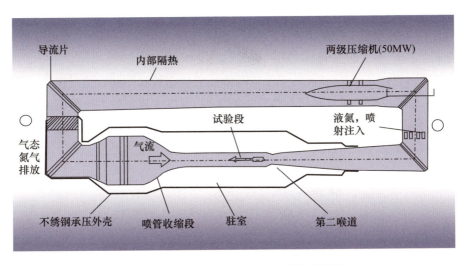

图 4.17 科隆 ETW 风洞回路(来源:ETW)

翼展约为 1.6m,而开展半模试验时半机身安装在试验段的上壁板,其半翼展约为 1.3m。图 4.18 所示为空客 A320 模型安装在 ETW 风洞试验段的照片。试验段为各种相机设置了光学观察窗,四面壁板上提供了 90 个光学窗口。风洞的技术参数如下:马赫数范围为 0.15~1.35,总温范围为 313~110K,总压范围为

图 4.18 科隆 ETW 风洞中的空客 A320 模型(来源:ETW)

0.115~0.45MPa。试验段的尺寸大小与(低温增压)气流条件的综合效果可以在试验段中实现空中巡航条件下的类似流场条件,这使得该风洞成为航空航天工业最具战略意义的风洞。

在图 4.19 中,各马赫数的工作范围概括为雷诺数和马赫数的对应关系所示的 ETW 总体性能包络。通过调整总压和总温,可以实现恒定马赫数下的雷诺数变化或气动载荷变化。环境温度条件下得到的试验数据,可与传统的低速或高速风洞试验数据进行对比。

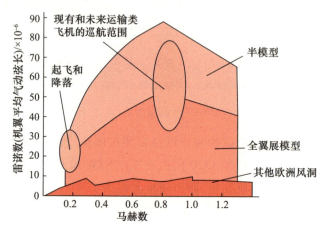

图 4.19 科隆 ETW 风洞的运行范围(来源:ETW)

当马赫数小于 0.7 时(第二喉道完全开启时,马赫数为 1),流速由风扇转速控制。当马赫数为 0.7~1 时,第二喉道用于控制试验段流场的马赫数。当马赫数超过 1 时,超声速喷管是控制流速的主要部件。全翼展飞机模型的雷诺数可达到约 5×10^7,当使用尺寸更大的安装在试验段上壁板的半(半翼展)模型时,雷诺数可高达 8.5×10^7。上述雷诺数均基于机翼的平均气动弦长。雷诺数上限由风洞最低温度时,最高总压或最大驱动功率确定。

为了确保在风洞在低温环境下运行,ETW 团队开发了可运输的模型更换系统,该系统基于一台包含模型及其支撑、试验段上壁板、检修口和仪器箱的平台车,整个组件由一辆运输车移动。模型在两个车间准备:一个车间充满环境空气,另一个"干燥"车间充满室温下的干燥空气,其露点保持在足够低的水平,以防止低温模型结冰。两个车间用一个传送气闸隔开,在进入干燥车间前需要清除模型及其平台车中的潮湿空气。两套模型更换系统都可以进行模型装配作业并且能够并行开展工作。

第 5 章
超声速风洞

5.1 收缩－扩张喷管

首先,超声速流动的产生需要收缩型管道和足以在管道最小截面或喉道达到声速的上/下游压力比。随着管道的截面增大(雨贡纽关系),若保持足够低的压力,则下游的流速会继续增加,变成超声速。这种收缩－扩张型喷管有时称为拉伐尔喷管(以其发明者、瑞典工程师古斯塔夫·德拉瓦尔的名字命名)。根据热力学和流体动力学的定律,可以为收缩－扩张型(CD)喷管内的流动建立关系式(通常称为等熵关系式),其提供了管道截面(A)与马赫数(Ma)之间的临界面积关系:

$$\frac{A}{A_c} \equiv \sum(Ma,\gamma) = \left(\frac{2}{\gamma+1}\right)^{\frac{\gamma+1}{2(\gamma-1)}} \frac{1}{Ma}\left(1+\frac{\gamma-1}{2}Ma^2\right)^{\frac{\gamma+1}{2(\gamma-1)}}$$

式中：A_c是喷管的最小截面积（或喉道）。如图 5.1 的曲线所示，在亚声速范围内，横截面积比作为马赫数的函数迅速减小，然后在跨声速范围内，随着马赫数接近 1 在两侧变化平坦，之后进一步迅速增加。跨声速状态下试验段面积的逐步变化是跨声速风洞设计中遇到的困难之一（见 4.2 节）。

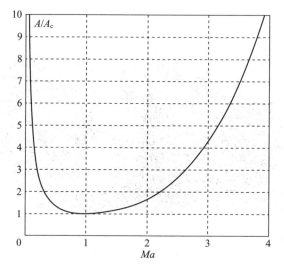

图 5.1　马赫数随截面面积比的变化

图 5.2 给出了压力和温度（相对于滞止条件）随马赫数变化的变化过程，超声速流动的加速会引起压力和温度迅速下降。因此，流动的建立需要使用大功率的风扇装置或压缩机，以便在试验段的上下游之间保持较大的压差。高马赫

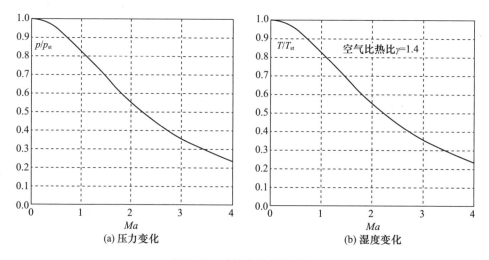

(a) 压力变化　　(b) 湿度变化

图 5.2　喷管中的等熵膨胀

数风洞(超过马赫数3)采用的一种解决方案是使储气罐中存储的压缩空气膨胀。通过将风洞扩散段与试验前建立的极低压大容量储气罐相连,可提高上下游之间的压力比。这种装置称为暂冲式风洞,而形成超声速流动的时间受到压缩空气储存容量或真空罐容积以及扩散段特性的限制。事实上,一个好的扩散段可以在试验段达到最低压力后恢复至较高的压力,因此在真空罐中压力较高时能够继续保持流动。

由于空气在喷管等熵膨胀过程中受到冷却,环境空气中的水蒸气会突然进入液态,从而以凝结激波的形式发生凝结。这就造成了跨声速状态下的流场扰动,因此需要给超声速风洞安装干燥器,以消除环境空气中的湿气。在跨声速/超声速风洞中,压缩空气在储存前要进行干燥处理。在高超声速风洞中,由于喷管内绝热膨胀产生的冷却作用,还需要加热空气,以免其发生液化。

5.2 确定超声速喷管的型面

为了在喷管出口的试验段内获得均匀流动,需要将喷管型面设计成一个特定的形状,以确保稳定的超声速膨胀。这种喷管称为特型喷管。由于其准确性和非常低的计算时间成本,特征线法非常适合用于确定风洞或航天发射器火箭发动机上安装的超声速平面或轴对称喷管中的流动。如上所述,超声速喷管的组成包括:

(1) 亚声速段,其中流动的非黏性部分(边界层外流动)由椭圆型微分方程组控制。

(2) 跨声速段。

(3) 超声速段,其控制方程组为双曲型,可用特征线法进行计算。

特征线法在读者可查阅的可压缩空气动力学教科书中有详细记载。这种方法不适用于整个流场,因此计算程序包含了对跨声速段进行的特殊处理,这使得确定超声速段的起始部分流场(从这里开始即可应用特征线法)成为可能。

为了在喷管出口(面积为 A_E)处实现马赫数 Ma_E 的均匀流动,首先计算喉道截面 A_c:

$$A_c = \frac{A_E}{\sum(Ma_E, \gamma)}$$

式中: $\sum(Ma, \gamma) A/A_c$ 是前面给出的收缩-扩张型喷管流动的等熵关系式。从式中可推导出喉道高度 h_c(二维喷管)或喉道半径 r_c(轴对称喷管),并选择喉道区域的局部曲率半径 R。按照反演过程确定喷管型线的方法可分为 5 个步骤。

(1) 喉道区域的流动可采用基于势流方程的解析方法或欧拉方程的数值解进行计算。

(2) 给出沿喷管轴线的马赫数分布 $Ma(x)$,从而提供从跨声速段到设计的稳定下游流动之间的连续变化关系,如图 5.3 所示。

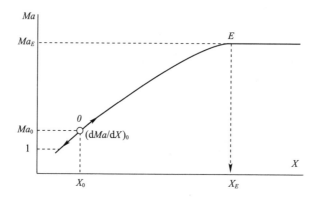

图 5.3 定义超声速喷管,喷管轴线上的马赫数分布

(3) 跨声速段下游的流动是通过从轴线开始沿左侧运行特性计算的,同时考虑轴线上的强制分布 $Ma(x)$(图 5.4)。

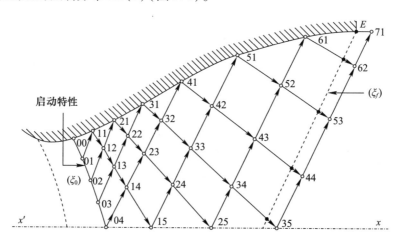

图 5.4 用特征线法(推进算法)定义超声速喷管

(4) 确定喷管 $P(x)$ 的壁面,需要记住它是一条流线。

为了考虑边界层沿喷管壁的发展情况,我们在 $P(x)$ 上进行边界层计算,从而求得位移厚度 $\delta^*(x)$ 的变化。通过增加位移厚度 $\delta^*(x)$ 使 $P(x)$ "增厚",从而得到最终的修正壁面 $P_{final}(x)$：
$$P_{final}(x) = P(x) + \delta^*(x)$$

在高超声速风洞中，由于高马赫数和低密度的影响，边界层明显增厚，占用了喷管内很大一部分的流动空间，因此必须对喷管进行边界层修正。这种修正在能够模拟很大高度流动的低密度装置中至关重要。

最后，由喉道区域的圆弧和下游的一系列点定义了喷管型面。喉道曲率半径与喉道高度（半径）之比的选择是至关重要的。比值过小会导致通过汇聚特性形成激波。其最小值应为 $R/r_c=4$（或 $R/h_c=4$），在高超声速风洞喷管中，这一比值应至少为 10。

在以下实例中，该方法用于确定平面二元喷管的型面，以便在空气（$\gamma=1.4$）中产生均匀马赫数 $Ma_o=2.5$。沿喷管对称轴线的马赫数分布如图 5.5 所示。通过反演过程可以得到图 5.6 所示的型面，该型面也表示计算特性的净值。采用特征线法设计的超声速风洞的喷管如图 5.7 所示。

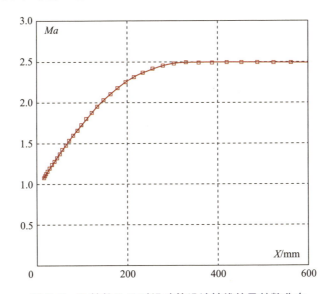

图 5.5　马赫数 2.5 时沿喷管设计轴线的马赫数分布

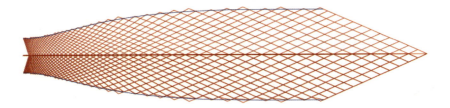

图 5.6　2.5 马赫流场（作为特征网络）的二元平面喷管

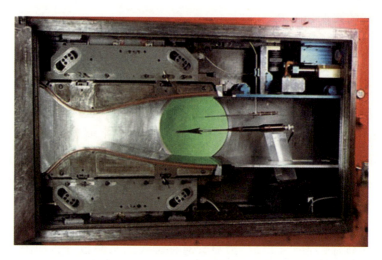

图5.7 ONERA 默东中心 S5Ch 风洞的马赫数2喷管(来源:ONERA)

超声速试验段的试验菱形区是具有超声速均匀流动并可放置试验模型的范围。其上游边界由通向喷管末端的特性进行限定,而下游边界则根据从喷管末端开始的特性来限定(图5.8)。随着马赫数的增大,该体积在长度上有所扩大。

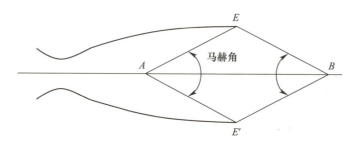

图5.8 超声速喷管的马赫菱形区

在大多数风洞中,马赫数的改变是通过更换二元喷管的上、下固块(壁衬)或更换整个轴对称喷管来实现的。一种比较少见的解决方案是设计一个内壁由柔性钢板制成的喷管,其马赫数是通过千斤顶机构使壁面变形而改变的。ONERA Modane – Avrieux 中心的 S3MA 风洞采用了这种方案(见5.3.4节)。

5.3 典型的超声速风洞

5.3.1 主要研究型超声速风洞

ONERA 默东中心的 S8Ch 超声速风洞配有两个特性相同的试验段,并使用相同的电源和常用辅助设备。该风洞是一个开放式风洞,其在两台 132kW 气泵产生的吸气及下游引射下实现大气条件的连续运行。大气空气在膨胀前通过硅胶层进行干燥。

该风洞配有一个辅助真空泵和一个 7bar 的高压气源,用于模拟推进射流并进行流动控制研究。在超声速(最大到马赫数 2)状态下,试验段的方形截面为 0.12m×0.12m,在跨声速状态下试验段的矩形截面为 0.12m×0.10m。总压和总温分别接近 10^5 Pa 和 300K。图 5.9 给出了风洞的其中一个试验段。

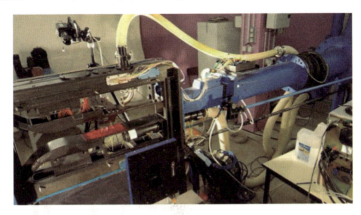

图 5.9　ONERA S8Ch 风洞的其中一个试验段(来源:ONERA)

这些风洞专门用于研究激波/边界层干扰、激波/湍流干扰、分离控制、空腔流动、射流、湍流、层流、光学诊断等。流动的精细表征可使用一套非常完整的测量和可视化技术,包括各种压力探头和光学系统,如 PSP、PIV、LDV、红外热成像法、纹影和阴影技术、表面流动可视化。图 5.10 所示为半喷管构型中的试验段,

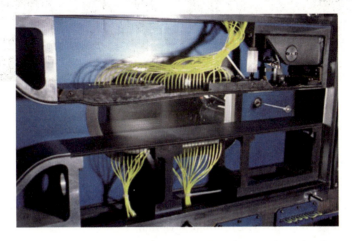

图 5.10　ONERA S8Ch 风洞试验段,半喷管组件(来源:ONERA)

其中喷管的对称面由实心平壁代替。第二喉道位置安装的旋转凸轮可以周期性改变试验段中激波的位置,从而进行非定常分析。

5.3.2 低湍流超声速风洞

马赛大学工业热系统研究所(IUSTI) S8 研究型风洞的设计实现了几个目标。其目的是产生背景干扰很低的自由流场,同时减少风洞壁湍流的影响。这对于采用热线风速仪(其仍然是测量非定常流动最方便的技术)对转捩流动和分离流动中的脉动分量与湍流结构进行详细分析是至关重要的。这需要持续进行空气质量监测(空气必须保证严格干燥、无尘),同时保持恒定的环境条件。气动条件保持恒定的最短持续时间取决于预期流动现象的特征时间,数据采集所需的时间约束以确保取得的数据样本大小可以接受,以及对条件分析非常重要的持续时间。因此需要一个连续运行的风洞。最后,能够在中等雷诺数下运行的风洞对于数值模拟(如 LES 或 DES)的验证非常重要。

风洞配有 S7 和 S8 两个试验段(图 5.11),其主要特点如下。

图 5.11　IUSTI S8 风洞(来源:IUSTI)

(1) 总压:0.12~0.90bar。
(2) 总温:大气温度。
(3) 单位雷诺数:5.5×10^6/m,总压为 0.5×10^5Pa。

风洞配备具有以下出口截面的特型加衬喷管:
(1) 试验段 S7($Ma=1.7$):80mm × 150mm。
(2) 试验段 S8($Ma=2.0$):105mm × 170mm。

供气和循环由一台 450kW 的由电机驱动的三级离心式压缩机完成。冷却则是通过一台以相近功率运行的换热器完成,其将空气冷却至接近大气温度。稳定段配有 7 个细格栅以减少收缩开始前的自由流湍流。试验段固定在以隔振或吸音材料为基础的混凝土砌块上,为了避免机械振动在测量区内传递,各个部件通过柔性接头与风洞的其余部分相连。空气由分子筛干燥器进行干燥。除尘由纸滤器组实现,其能够过滤掉 99% 的粒径大于 $1\mu m$ 的颗粒。回路中的压力调节系统能够实现精确度为 ±13Pa 恒定压力维持,其响应时间为几秒,这保证了非常好的空气动力稳定性。

消除扰动的主要装置:高速流动中需要消除的扰动主要是机械动力系统引起的温度、压力和自由流速度或湍流的扰动。温度扰动由压缩机产生,其出口温度可达 200℃。如上所述,空气被一个大型换热器恢复到接近大气的状态,这保证了管道和压力梯度区内的无分层流动。

压缩机产生的压力扰动与转子的转动有关,转子的转动会引起流体脉动,导致流动在出口产生波动。这些脉动采用调整至压缩机转速共振频率的亥姆霍兹滤波器(类似于一些火箭上使用的防跷振装置)消除,并通过风管来消除与叶片数量相应的谐波。在这些装置的下游,与机械系统相关的离散频率在波动频谱上不再可见。在回路的回流部分,空腔阻止了机械产生的噪声从喷管的下游向试验段传播。

亚声速风洞降低或抑制自由流湍流度所采用的常规方法为:精心设计拐角导流片,以免形成纵向涡;可能配备整流网的小扩散角的扩散段,以免引起流动分离,如前所述的静音室。换热器段的整流网有助于破坏较大的涡流。通过对空气进行非常严格的除尘后,才可以在较低损坏风险的前提下开展热线测量。在空气无自然污染的情况下,通过 LDV 或 PIV 进行测量需要进行粒子播撒,使用滤波器可以控制粒径分布。粒子由测量区下游的装置进行回收。

图 5.12 所示为 S7 风洞试验段的激波反射研究。激波由一个平板产生,其锐前缘放置在研究的洞壁上。

流动特性:喷管内产生的流动基本上不受上游扰动的影响,所测得的脉动本质上是边界层所辐射的湍流。例如,在马赫数 2.3 的试验段中,当边界层受喉道上游侧壁的粗糙度影响,且总压为 0.5bar 时,在 300kHz 的频段内用热线法测得的 (ρu) 波动小于 0.1%。

在该马赫数下,就声学和旋涡脉动而言,该阈值对应于小于 0.01% 的自由流湍流度。与静音风洞的极低湍流强度相比(见 5.4 节),S8 试验段的湍流度仍然非常低。

图 5.12　研究 IUSTI 风洞 S7 试验段激波反射的试验装置(来源:IUSTI)

5.3.3　跨声速/超声速开口射流风洞

PPRIME 研究所的可压缩风洞安装在普瓦捷的 CEAT – PROMETEE 试验台上(见 3.2.5 节),其专门用于跨声速和超声速流动的研究。该设施由能够提供长达 10min 流场的跨声速/超声速风洞组成,由试验台的 200bar 压缩空气机组提供驱动力。

(1) T200 风洞用于研究直径达 200mm 的同轴自由射流,该构型由跨声速 – 超声速一次射流(最高总压为 150bar)、亚声速 – 跨声速二次射流(最高总压为 3bar,马赫数为 0.5~1.3,见图 5.13(a))组成。

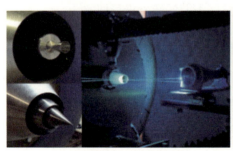
(a) T200风洞LDV速度测量

(b) 封闭试验段和自由射流构型S150风洞

图 5.13　普瓦捷 CEAT – PROMETEE 试验台的 T200 和 S150 风洞
(来源:PPRIME 研究所)

（2）S150 风洞在马赫数为 0.8~2.8 的范围内运行，在 150mm×150mm 的试验段或自由射流中，总压高达 40bar。该风洞用于研究激波/湍流相互作用或发射器推进喷管的非定常流动（图 5.13(b)）。

（3）MARTEL 试验台（图 5.14）专门用于研究稳态工况（马赫数高达 3，总温为 1800℃）或瞬态工况下的高温超声速射流在一个开放的半消声试验舱产生的爆炸波（空气-甲烷爆燃压力高达 200bar，爆燃温度为 2200℃）。

图 5.14　普瓦捷 CEAT – PROMETEE 试验台的 MARTEL 工作台
（来源：PPRIME 研究所）

测试仪器包括声学和速度测量技术（LDV、二维和三维 PIV）、非定常压力和密度测量技术。每个工作台还允许连续或瞬态的纹影可视化。这些方法可以用于表征、理解和模拟各个方向的超声速流动，如基本的气动不稳定性、喷管中的分离流、碰撞射流、壁面边界层、激波/湍流相互作用、噪声产生机制、湍流的可压缩性效应等。

5.3.4　大型可变马赫数风洞

ONERA Modane – Avrieux 中心的 S3MA 风洞（图 5.15）是一个能够实现亚声速到超声速流动的跨声速/超声速风洞。其风洞喷管构型如图 5.16 所示。在亚声速-跨声速状态下，风洞配有 0.56m 宽的可互换试验段，四面均为开孔壁。在超声速状态下，风洞配有一个 0.80m 高、0.76m 宽的喷管。

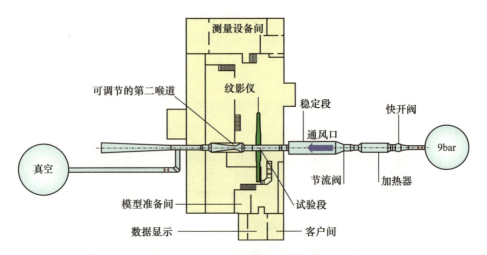

图 5.15 ONERA S3MA 风洞布局(来源:ONERA)

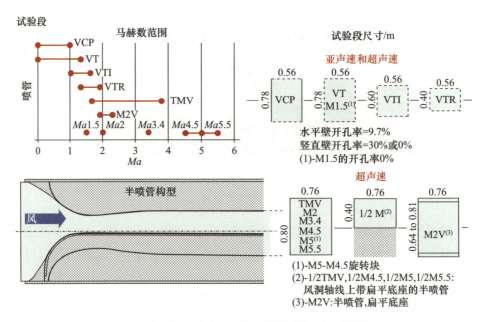

图 5.16 ONERA S3MA 风洞喷管构型(来源:ONERA)

风洞配有 5 个超声速喷管,其名义马赫数为 1.5~5.5。通过旋转喷管固块从而改变出口面积与喉道面积的比值,可连续实现马赫数 4.5~5.5 的中间任意值。带可变形壁面的喷管允许马赫数在 1.65~3.8 之间连续变化(图 5.17)。有两种可用压缩气源可用,即 9500m^3 的 9bar 压力气源,115m^3 的 270bar 压力气源。还配有一个 8000m^3 的真空罐,其最小压力为 0.010bar。

图 5.17　ONERA S3MA 风洞的超声速可变马赫数(1.65~3.8)喷管(来源:ONERA)

根据马赫数和喷管几何形状,风洞的总压可在 0.2~7.5bar 之间变化。空气可用电加热器加热至 530K 的温度。可达到的最大单位雷诺数为 $54 \times 10^6/\text{m}$。下游的气流可排入真空罐或大气中,具体取决于马赫数。根据运行条件和排气方式(球罐或大气),排气时间在 10s~15min。图 5.18 给出了 S3MA 风洞随马赫数和总压变化的运行范围与恒定雷诺数曲线。

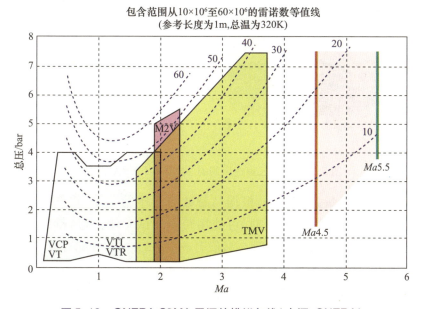

图 5.18　ONERA S3MA 风洞的模拟包线(来源:ONERA)

S3MA 风洞有一套非常完整的模型支架(下游支杆、侧向支架、立柱和多种特种装置)和多种流动测量和显示方法(定常及非定常压力、PSP、二维和三维 LDV、各种可视化技术、六分量天平)。

S3MA 风洞中通常进行的试验包括导弹模型、进气道、光电系统、机翼或直升机旋翼剖面的定常和非定常力/力矩及压力测量。

5.3.5 下吹式跨声速/超声速风洞

考虑到未来制导武器的需要,ISL 于 2015 年建造了跨声速/超声速马赫数 3 风洞。这种研究型风洞用于研究由不同类型的驱动器驱动的模型的空气动力特性。空气由两条压缩机管路压缩,其能够以 1800kg/h 的流量产生 30bar 的压缩空气,并储存在总容量约为 288m³ 的 9 个储气罐中。空气经过快速阀后迅速膨胀并得到 2~18bar 的总压。气流通过收缩-扩张喷管加速,然后通过装有消音器的排气口排放到大气中,马赫数范围为 0.30~4.50(图 5.19)。

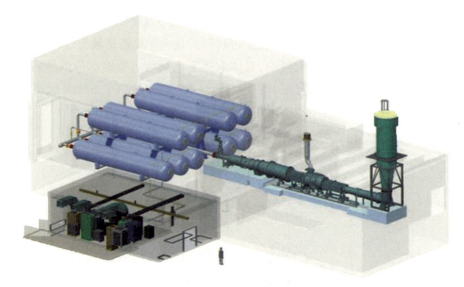

图 5.19　ISL 三声速风洞的总体结构(来源:ISL)

风洞的最大流量为 54kg/s,根据马赫数与总压的关系,排气持续时间为 30~120s。当马赫数小于 1.20 时,可使用跨声速试验段,当马赫数大于 1.20 时,可使用超声速试验段。跨声速试验段有一个第二喉道,并配有带二次排气口的开孔壁(图 5.20)。超声速试验段的马赫数由柔壁喷管进行调节,从而可在单次运行中改变流动条件。

试验段高 400mm、宽 300mm,可容纳最大直径为 40mm、最大长度为 300mm

图 5.20　ISL 三声速风洞试验段(来源:ISL)

的模型且不会造成流动壅塞。上述尺寸足以轻松再现全尺寸模型的细节,试验段允许在 $-7° \sim +24°$ 的迎角范围内开展模型试验研究。基于模型的最大直径的雷诺数为 $5 \times 10^5 \sim 2.2 \times 10^6$,湍流度小于 1%。

5.4　马赫数 6 静风洞

在前面的章节中指出,由于对设施本身所产生的环境扰动的敏感性,在风洞中复现层流到湍流的转捩现象面临一定挑战。图 5.21 给出了超声速或高超声速风洞中的环境扰动源。喷管喉道上游、加热器、拐角、扩散段、压缩机和滤波器均为扰动源,其形式为热源熵点或由旋涡和声波构成的自由流扰动。在喉道的下游位置,由于其表面非均匀性可形成马赫波,以及受粗糙度和湍流边界层的影响,喷管的扩散段壁面是引起扰动的主要原因。确保低扰动流动的首要条件是使用静音阀产生尽可能无扰动的上游条件。普渡大学的静音风洞使用了 Ludwieg 管,其能产生非常规整的流动,但持续时间较短。轴对称喷管也可避免因拐角扰动引起的流动不稳定性。

超声速/高超声速风洞和激波风洞(见 6 章)会受到上游大的流动脉动影响(通常比实际飞行情况高一到两个数量级)。喷管壁面湍流结构会产生声波辐射,因此这些流场脉动通常主要由喷管壁面上形成的湍流边界层所辐射的噪声引起。虽然这种噪声通常很弱且可以忽略不计,但它对模型上的层流到湍流的

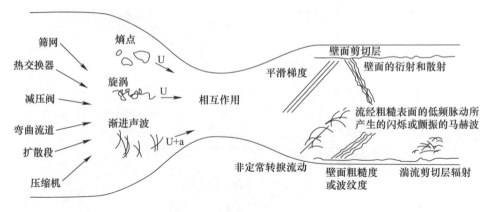

图 5.21　超声速风洞中的扰动源(来源:普渡大学)

转捩影响很大,对其他流动现象(如流动分离)也有重大影响。开发静音风洞的目的是尽量减少上游扰动,以形成喷管上的层流边界层,从而在超声速和高超声速下产生噪声级与实际飞行相当的均匀流动。

图 5.22 所示为海军军械实验室的弹道靶获得的放大阴影图,从中可看到湍流边界层所辐射的噪声。在马赫数 4.3、雷诺数 $10 \times 10^6/\mathrm{m}$ 的静止空气中,接近零迎角的尖头锥从左向右飞行。图中显示了头锥下表面的边界层湍流结构所辐射的声波。这些声波随着马赫角的变化进行传播,而马赫角通过流速减去产生声波的边界层扰动速度来定义。

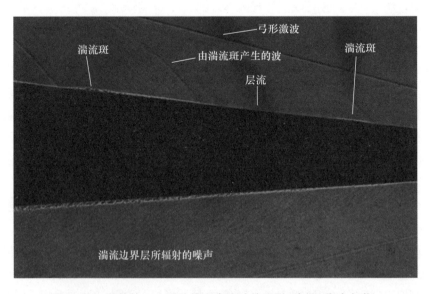

图 5.22　马赫数 4.3 时头锥上方流动的阴影(来源:普渡大学)

在上表面，由于层流部分存在两个清晰可见的湍流斑，边界层是不连续的。随着位移厚度的增加，湍流斑前面的波更强，而斑内湍流所辐射的噪声级更低，层流区域上方不存在噪声。该结果表明，控制喷管壁面层流到紊流的转捩，对于设计可用于近似飞行条件转捩研究的风洞设施至关重要。

为了在"冷"流中实现较低的高超声速马赫数（或较高的超声速）和中等雷诺数的静音流动，普渡大学建造了 Boeing/AFORS 马赫数 6 静音风洞，即无须模拟高速流动的总焓（见 6.2 节）。图 5.23 所示为 Ludwieg 管装置（由一根末端接有收缩-扩张喷管的长管组成）的设计，气流进入装有第二喉道的试验段。在 Ludwieg 管中，试验段下游的隔膜突然破裂，产生通过试验段传播的膨胀波，同时在膨胀波下游的气体中开展测量。驱动管中的低马赫数使得风洞在膨胀波的多个反射周期中运行，试验时间只有几秒，从而可以产生不受膨胀降压装置和阀门干扰的流动。因此，试验时间限制在几十秒内。

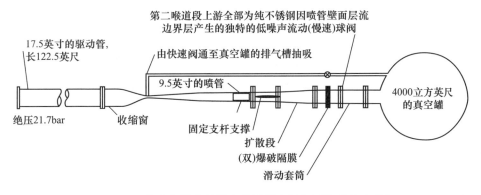

图 5.23　普渡大学马赫数 6 静风洞布局（来源：普渡大学）

为了使喷管壁边界层保持层流状态，喷管喉道处的吸气槽消除了收缩段边界层，从而在扩张段形成"新"的边界层。此外，喉道和扩张段壁面经高度抛光处理，以消除可能引起转捩的粗糙度和表面不均匀性。超长喷管在喉道区域具有较大的曲率半径，以减少沿扩张段壁面的 Görtler 失稳的形成。静音运行的最大允许总压为 11.7bar。该风洞还可以在未进行喉道边界层抽吸的情况下，以与传统风洞相当的噪声水平运行。

图 5.24 所示为喷管出口的流动示意图，该喷管出口处设有一个细长锥体，其尺寸接近零迎角能够建立流动所允许的最大尺寸。均匀流从喉道下游 $x = 1.91$m 处开始，并在 $x = 2.59$m 处结束，而喷管的发展末端位于 $x = 2.58$m 处。矩形框给出了 8 个观察窗的位置。图 5.24 中绘制的马赫线显示了喷管壁上不同转捩位置的辐射噪声源。当总压大于 11bar（远远超过初始设计条件）时，边

界层在喷管出口下游保持层流状态。

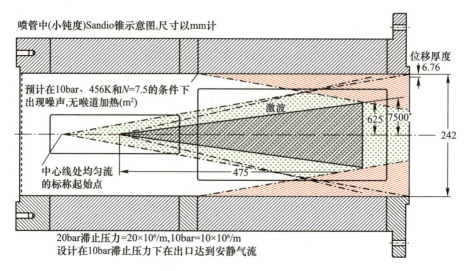

图 5.24　普渡大学马赫数 6 静音风洞试验段（来源：普渡大学）

试验段通过加工的亚克力窗提供光学通路，以符合喷管型线。大多数测量采用热敏涂料显示表面热通量，并用高频非定常压力传感器检测非定常波，也可以使用其他测量方法。

第 6 章
高超声速风洞

6.1 高超声速风洞类型

高超声速风洞用于研究高超声速飞行器、空间发射器、导弹、射弹的空气动力学,以及空间飞行器重返大气层的情况。高超声速风洞与超声速风洞在运行原理上没有区别,但喷管的收缩比 A/A_c 在较高的马赫数下会达到很高的值,如需要 $A/A_c = 586$ 才能使马赫数达到10。喉道尺寸非常小,因此常常放弃二维喷管而改用轴对称喷管。此外,流场的建立需要相当大的上游/下游压力比,马赫数为10时,压力比约为3300,通过压缩上游空气并使其向下游膨胀的同时不断填充真空球罐而获得。运行这种设施所需的能量方式使得高超声速风洞成为最常用的下吹式风洞。试验所需的能量通常以压缩气体或高速旋转的飞轮形式储存,这个过程非常耗时,但在试验过程中会在很短的时间内释放。因此,测试的持续时间是有限的,对于"低温"装置,从几秒甚至几分钟,而对于"高温"装置,则是几百毫秒。

在高马赫数下,喷管内的绝热膨胀伴随强烈的冷却作用,因此必须加热空气,以防止液化。因此,马赫数 10 时允许的最低上游温度为 1100K(约 830℃),这导致在氧气液化极限时试验段内的温度为 52K(约 -220℃)。这些设施中的气体被加热到足以防止其在膨胀过程中发生液化的温度,因此称为"低温"高超声速风洞。这类风洞的试验时间从几秒到几分钟不等,具体取决于运行条件和设施部件(包括扩散段)的特性。

高马赫数并不是空间应用中遇到的高超声速流动的唯一特征。事实上,当飞行器以几千米每秒的速度进入大气层时,气流对机体的摩擦会产生几千华氏度的温度(绝热压缩)。由于内能之间的不平衡、分子离解和分子间的化学反应,会产生相当大的壁面热流和引发空气中的化学反应。温度是衡量气体组分(分子、原子和亚原子粒子)平移、振动和旋转运动能量的一种指标。在平衡状态下,能量通过能量交换的方式均匀地分布在各种运动中。当气体条件快速变化时(如高超声速喷管中的膨胀,或者激波的压缩),气体会快速调整,以适应新的条件:平移几乎是瞬间发生的,振动也是如此,但旋转要慢得多。此时,气体处于非平衡状态,不再符合理想气体的模型,这些效应就是真实气体效应,其特性与理想气体的特性有所不同。因此,真正的高超声速风洞不仅要再现高马赫数,还要再现非常高的温度水平,因此,称为高温高超声速或高焓风洞。

6.2 高超声速"低温"风洞

虽然不能完全模拟出高超声速飞行的实际现象,但这些风洞是研究高马赫数下空气动力特性的有效工具。在最常见的情况下,为了产生不超过 1000K 的滞止温度,加热系统由加热器和金属板或球体制成的换热器组成。在开始试验前,换热器通过循环的电加热空气进行加热,这个超长阶段只需要中等功率。在另一种方法中,流动流过由丙烷燃烧产生的二次高温气流加热的氧化铝微珠层而获得加热。在瞬时加热模式下,试验气体通过焦耳效应加热的导管,以牺牲更高的电功率为代价。后一种方法的优点在于可以达到约 1200K 的温度,而且换热器中不会产生灰尘。

这些设施通常利用压缩空气罐保持长时间运行(从 10s 到几分钟不等)。例如,ONERA 默东中心的 R1Ch、R2Ch 和 R3Ch 风洞都基于三个设施共用的

250bar 储气罐和 500m³ 真空球运行的。就 R1Ch 和 R2Ch 风洞而言，喷管中的空气在膨胀前通过换热器加热，换热器可在 40kg/s 的流速下，达到 700K 的温度。采用辅助高压气源（200bar）模拟推进射流。R1Ch 和 R2Ch 风洞涵盖了超声速到高超声速马赫数的范围，即 3~7，单位雷诺数为 $2.1 \times 10^6/m \sim 5.1 \times 10^6/m$，滞止压力在 0.5~80bar 之间变化。这些风洞使用 70 个 250bar 的高压空气储气瓶，总容积为 30.5m³。图 6.1 所示为 R2Ch 风洞布局。

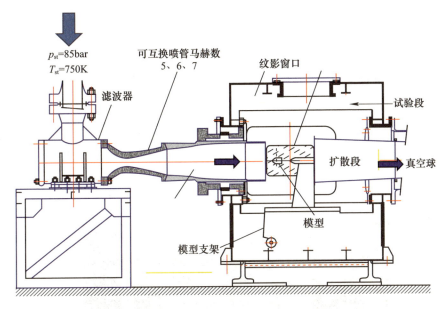

图 6.1　ONERA 默东中心的 R2Ch 风洞布局（来源：ONERA）

R1Ch 风洞可安装马赫数 3 或马赫数 5 的特型喷管，其出口直径为 0.326m，最大滞止压力为 15bar，最大滞止温度为 400K。R2Ch 风洞可安装马赫数 3 和 4 的喷管（出口直径为 0.190m）或马赫数 5、6 和 7 的喷管（出口直径为 0.326m），其最大总压为 80bar，最大总温为 700K。根据试验条件（模型尺寸、滞止压力、马赫数），流体要么排入环境压力下的大气中（在这种情况下，运行可以持续几分钟），要么排入压力可低至几毫巴的 500m³ 真空球中。在后一种模式下，有效运行时间约为 30s。试验时间实际上由试验段下游的压力决定，该压力随着排气球内的气压水平而增加，直到达到无法维持高超声速流动所需的压力比。扩散段是这类风洞的重要组成部分，尤其是模拟高空条件的低密度设施（试验段的压力为几帕斯卡）。扩散段的恢复能力（即压缩试验段中膨胀气流的能力）直接影响运行的持续时间。扩散段出口的高压会增加流动启动前球体内的压力，从而延长运行时间。

为了使马赫数达到 10，R3Ch 风洞配有一个可将空气温度提高到 1100K 的焦耳瞬时加热器(图 6.2 和图 6.3)。自由试验段安装有一个出口直径为 0.350m 的特型喷管,滞止压力可在 12~120bar 的范围内变化。三通阀可以实现热流测量所需的非常短的流动启动时间(几毫秒)(见9.5节)。

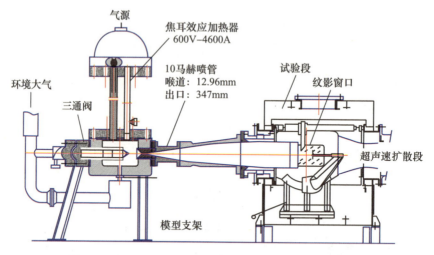

图6.2　ONERA 默东中心的 R3Ch 风洞(来源:ONERA)

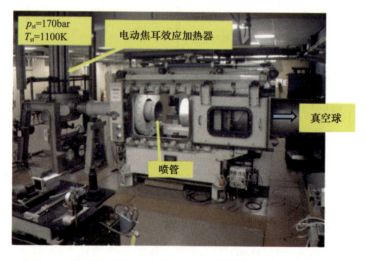

图6.3　ONERA 默东中心的 R3Ch 风洞视图(来源:ONERA)

一系列的测试技术能够在这些风洞上使用,如天平测力、定常和非定常压力、LDV、PIV、PSP、红外热成像法、纹影和传热。

同一系列的另一个高超声速风洞是 ONERA Modane - Avrieux 中心的 S4MA 风洞(图 6.4),该风洞在 120bar 的最大滞止压力下产生流动,而且可以达到 1800K 的最大滞止温度(高于前面所述系列风洞的最大滞止温度)。

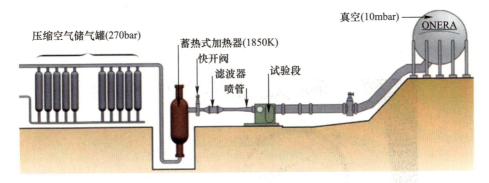

图 6.4　ONERA Modane – Avrieux 中心的 S4MA 风洞布局(来源:ONERA)

该风洞配有轴对称喷管,其出口直径为 0.685m(马赫数 6 和 4)和 0.994m (马赫数 10 和 12)。空气经过一个换热器,里面有 10t 的氧化铝球,在试验前通过丙烷燃烧加热。上游的干燥空气储存在压力为 270bar、总容量为 29m³ 的储气罐中,下游真空球(最小压力为 0.01bar)的容积为 8000m³。在传热测量时,模型通过一个电动支撑系统浸没在流动中。

试验过程如下:一旦确定氧化铝球的温度,储存加热空气的储气罐就会缓慢增压至所需的总压力。然后,通过一个自动化系统打开快速响应的截止阀,以稳定和控制滞止条件。模型在达到所需流速条件时(通过电动支撑系统)进入流场并在获得数据后撤出,运行结束后清洗加热器。有效试验时间为 25~85s(随马赫数和所选滞止条件的变化而变化)。基于滞止条件的风洞运行包线如图 6.5 所示。

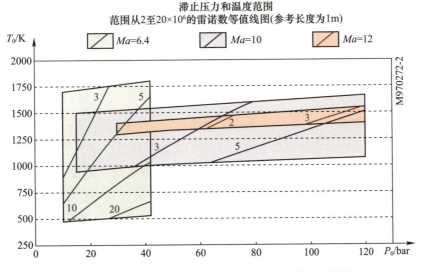

图 6.5　ONERA S4MA 风洞的运行范围(来源:ONERA)

S4MA 风洞配有与 R1Ch、R2Ch 和 R3Ch 风洞相似的仪器。典型试验包括对完整模型的测力试验和模型零件测力试验(操纵面铰链力矩)。图 6.6 所示为 S4MA 风洞试验段的空间飞行器模型。

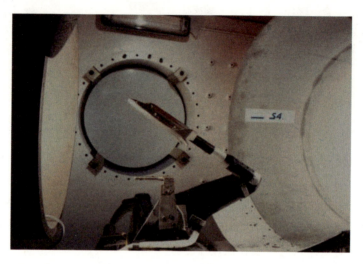

图 6.6　ONERA S4MA 风洞的空间飞行器模型(来源:ONERA)

6.3　高超声速"高温"或高焓风洞

为了达到高于 2500K 的滞止温度,并使压力可以超过 1000bar,需要相当大的功率。这类风洞的运行时间通常非常短,运行时间也会受到喷管上游部分材料在高温下机械强度的限制。这时需要考虑使用热射式风洞。在这类解决方案中还包括利用电流使气体离子化的等离子体风洞。

6.3.1　热射式风洞

在热射式风洞中,能量由充满待加热流体(空气或氮气)的电弧室提供,温度和压力根据预期的最终条件选择。为了用真实气体效应研究空间飞行器的再入阶段,ONERA Fauga – Mauzac 中心设计了 F4 高焓风洞。装在 1～14.7L 的容量可调气室中的试验气体(空气、氮气或二氧化碳)通过在电极与电弧室壁面之间产生弹振的高强度电弧达到试验条件(图 6.7 和图 6.8)。电流由一台功率为 150MW 的发电机提供,该发电机由一个转速为 600r/min 的 15t 飞轮(代表 400MJ 的储能)组成。喷管喉道处的膜片破裂释放了喷管中的流动,在这种情况下,马赫数高达 20,运行时间为 200ms。在 3000～8000℃ 温度范围内,可获得

1000bar 的压力和 16.5MJ/kg 的比焓。

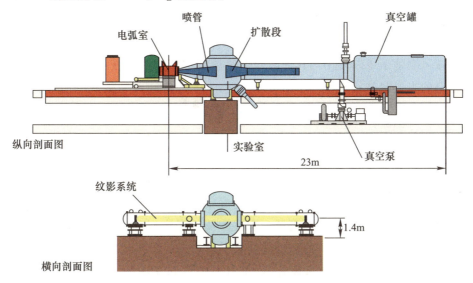

图 6.7　ONERA Fauga–Mauzac 中心的 F4 风洞回路布局(来源:ONERA)

图 6.8　ONERA F4 风洞视图(来源:ONERA)

出口直径分别为 0.670m(两套)、0.430m 和 0.930m 的 4 个特型喷管允许在基于 ρL(也称为二元相互作用参数)的离解参数和由克努森数表征的(大气)稀薄参数的不同范围内进行试验(见 2.4 节)。参数 ρL 的守恒目的是再现由二元分子化学反应控制的反应性高超声速流动。

为了操作风洞,首先启动发电机,然后将试验气体以所需的压力抽入电弧室,并通过电弧加热。一旦达到滞止状态并持续几毫秒后,喷管喉道通过膜片破裂的方式开启,该膜片在压力升高期间将喷管的上游和下游区域分开。运行的持续时间约为 200ms,并在触发排气阀时结束。

该风洞除了可以使用与其他高超声速风洞类似的测试技术,还可以使用相对复杂的光谱测量技术(见第 12 章)。在 F4 中进行的典型测试包括对航天滑翔器模型和返回舱大迎角条件下的气动力测量,以及热流和壁面压力分布测量。

6.3.2　激波管和激波风洞

激波风洞可以再现不同行星的大气条件,是研究物体高超声速飞行条件下气动特性的理想设施。此外,激波风洞与配备足够功率加热器以实现气流中合适温度的风洞相比,试验成本更低。激波管及其变体(如激波风洞)是实现高压力和高总焓超声速/高超声速流动的简易手段。运行激波管所需的能量并不高,因此,其有效持续时间通常非常短暂(从几百微秒到几毫秒不等)。激波管还用于研究激波(爆震)的形成条件、激波传播和反射引起的物理现象,也用于分析化学动力学或核反应的快速过程。

激波管由一个圆形或方形截面的圆管组成,两端封闭,并被分为两个初始隔离的隔室(图 6.9)。低压室包含特定压力和温度的试验气体。高压室由压力为几百巴甚至几千巴的高压驱动气体填充,气体温度与低压室的试验气体基本一致。低压段比高压段长 5~10 倍。驱动气体和实验气体的性质通常有所不同,由膜片隔开。膜片的瞬间破裂使两种气体接触,然后通过一个无法保持平衡状态的界面将其分开。该界面像活塞一样向低压方向快速传播(图 6.9)。

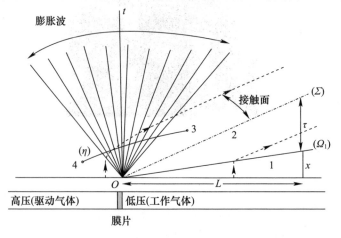

图 6.9　激波管的运行和波的传播

（1）工作气体中的激波向右侧传播，从状态 1 到状态 2，其特征是温度可能非常高。

（2）驱动气体中的中心膨胀波向左侧传播，迫使气流从状态 4 进入状态 3；处于状态 2 和 3 的流体由接触面（也称为界面）隔开。

当与 p_1 相比 p_4 压力更高，驱动气体的密度更低（倾向于使用氦或氢，氦或氢也可以被加热）时，产生的激波强度会更强。对于以氢气为驱动气体的管道而言，激波管是一种可在高压和高温条件下获得超过 8000K 流动的简单方法。

为了实现高超声速（高马赫数）和高焓（高总焓）流动，激波管或激波风洞中的工作气体需满足喷管的大膨胀比要求。在激波通过后，管端位置的喷管在很短的时间内（几毫秒）是处于状态 2 的工作气体。图 6.10 所示的反射激波，可以提高滞止焓水平，工作气体再次被导管后面反射的激波压缩。如图 6.11 所示，第二个膜片 D_2 位于激波管末端，喷管的上游。当激波反射到膜片 D_2 上后，气体处于状态 5，在这种情况下，压力和温度甚至更高。反射后，膜片 D_2 破裂，处于状态 5 的气体通过喷管传播。通过调整激波界面，可以优化运行时间。

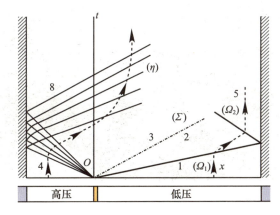

图 6.10　具有反射激波效应的激波管

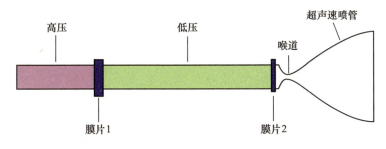

图 6.11　反射激波风洞示意图

ISL 高速流动实验室的两个独立高焓风洞 STA 和 STB 能提供 8MJ/kg 高速流动试验（图 6.12 和图 6.13）。

图 6.12　ISL 的 STA 激波风洞（来源：ISL）

图 6.13　ISL 的 STB 激波风洞（来源：ISL）

在图 6.14 所示的流动马赫数下，可以再现海平面和最大 70km 高度的条件。特型喷管适用于马赫数 3、4.5、6、8 和 10 的情况，锥形喷管适用于马赫数 3.5、10、12 和 14 的情况。STA 和 STB 风洞的高压管内径为 0.100m，长度分别为 3.6m 和 4m，两个风洞的低压管为 18m。聚酯薄膜将低压管与喷管分开；第一个金属膜经过非常精确的加工，可以承受破裂前两个管道之间的压力差。

高压管中充满较轻的气体，通常是氢气，压力低于 450bar。将高压室与低压室分离的金属膜片在按照复现的试验条件所选定的压力下破裂。膜片破裂时，由低压管内传播的激波将试验气体压缩、加热和加速至放置聚酯薄膜的低压管

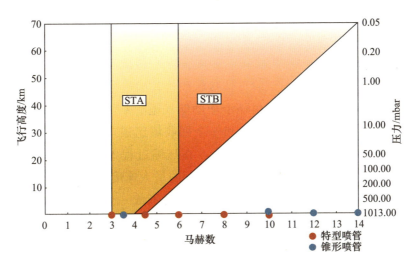

图 6.14 ISL 激波风洞 STA(黄色)和 STB(红色)的运行范围(来源:ISL)

末端。入射激波在低压管末端的反射使试验气体在聚酯薄膜进入准平稳状态前停留很短的时间,形成流动的滞止条件。然后,试验气体在喷管内膨胀,在容纳待研究模型的试验段内产生准定常超声速或高超声速流动。模型可用一根支杆支撑,或者用绳索悬挂支撑(与试验气体作用时断裂)。这种自由飞行技术有助于分析模型的动态特性,并测定考虑底部流动时的系列气动系数。试验结束时,由试验段和气体回收罐收集工作气体和驱动气体,然后再进行排空。STA 和 STB 管的气体回收罐的容积分别为 $10m^3$ 和 $20m^3$。

每次运行后,用再现激波风洞运行情况的一维流动程序代码计算流动条件。代码要求激波在低压管内的传播速度由沿导管安装的系列压力传感器测量。同时,还必须知道滞止压力,这是由安装在马赫菱形区中的空速管测量得到的。

6.3.3 高焓激波风洞

哥廷根高焓激波风洞(HEG)是德国航空航天中心(DLR)的一部分,也是欧洲主要的高超声速试验设施之一。该风洞于 1991 年投入使用,此后广泛用于大量的国内外空间项目和高超声速飞行项目。最初设计该风洞的目的是研究高温效应影响,如化学弛豫和热弛豫对空间再入飞行器外表面的影响。在过去几年中,其运行条件范围逐渐拓展。在该框架下,重点是在试验段产生更多的试验条件,以便研究马赫数 6(低空)到马赫数 10(约 33km 高空)高超声速飞行构型的流动。HEG 风洞中进行的研究主要集中在内流和外流空气动力学,包括氢气在完全超声速燃烧中的燃烧情况和研究高超声速边界层从层流到湍流的转捩情况,同时验证转捩延迟技术。

HEG 风洞是一个自由活塞激波风洞,其中,传统激波管的驱动气体由活塞压缩,以便在驱动气体与试验气体接触前将其加热,从而增加激波强度。其流程如图 6.15 所示。该风洞由一个辅助储气罐、一个压缩管(通过主膜片与实际激波管分开)、一个试验喷管和一个回收罐组成。使用辅助储气罐中储存的高压空气使重活塞沿压缩管加速。在压缩过程中,驱动气体(氦或氩氦混合物)的准绝热加热使活塞达到 300m/s 的最大速度,驱动气体的温度随体积压缩比的增大而升高。当主膜片破裂时,会形成一个与传统激波管类似的波系。

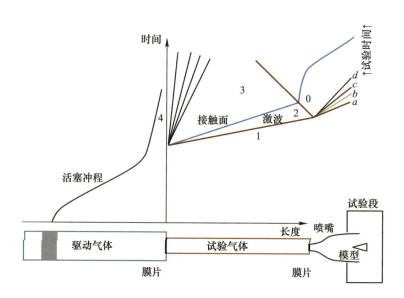

图 6.15　自由活塞激波风洞流程

HEG 风洞全长 62m,重约 280t(图 6.16 和图 6.17)。1/3 的重量是为了减少启动过程中的风洞反冲运动。设计 HEG 风洞的目的是在总压高达 200MPa、总焓高达 2323MJ/kg 的情况下,为高超声速收敛 – 扩散型喷管提供气体脉冲。对试验气体没有基本的限制。本书讨论的运行条件主要是空气作为试验气体的情况,但也适用于使用氮气和二氧化碳等其他气体的运行条件。为了正确模拟再入飞行器弓形激波下游发生的化学离解,必须在地面试验过程中复现飞行双尺度参数。此外,流速还是高焓试验中再现的一个额外驱动参数。HEG 风洞的运行条件在图 6.18 中用双尺度参数 ρL 和流速 u 表示。

图 6.18(b)给出了相应的飞行高度,并给出了地球大气层的温度变化。克

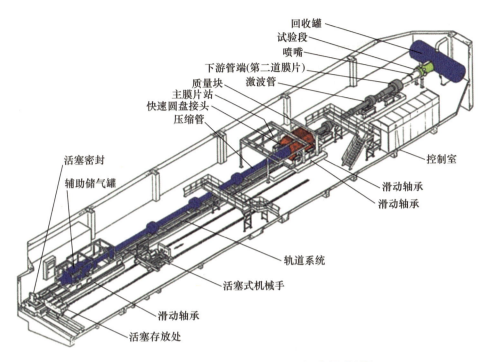

图6.16 DLR的高焓激波风洞HEG(来源:DLR)

图6.17 高焓激波风洞HEG视图(来源:DLR)

努森数表明HEG风洞的运行条件处于连续流态。沿再入轨迹的雷诺数有几个数量级的变化,在高空飞行时,再入飞行器的壁面边界层最初呈层流状态。超过临界雷诺数(图6.18中标记为过渡试验飞行器的曲线所示)时,发生了层流向湍流边界层转捩的情况。该过程会增加表面摩擦力和壁面热流。HEG风洞的运行条件(用喷管5描述)是涵盖总比焓范围为12~23MJ/kg的原始高焓条件。

在过去的几年里,HEG风洞的运行范围逐渐拓展。在该框架下,重点是在

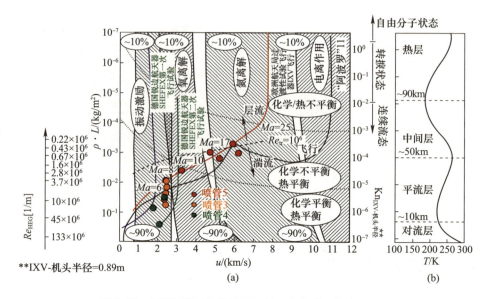

图 6.18　HEG 哥廷根激波风洞的运行条件(来源:DLR)

试验段产生更多的试验条件,以便研究从马赫 6(低空)到马赫 10(约 33km 高空)高超声速飞行状态下的流动。这些低焓条件涵盖了 1.5~6MJ/kg 的总比焓范围。对于带喷管 3 的全尺寸风洞模型而言,可在 28km 和 33km 处复现 $Ma=7.4$ 的飞行条件。使用喷管 4 的附加条件复现了海平面至 15km 飞行高度之间 $Ma=6$ 的飞行条件。使用喷管 5 复现了海拔 33km 飞行高度下 $Ma=10$ 的飞行条件。

6.3.4　等离子体风洞

位于意大利卡普亚 CIRA 的 SCIROCCO 等离子体风洞(PWT)是在电弧射流产生的高焓、低压条件下运行的最大、最耗电的高超声速风洞。该风洞是由欧洲航天局(ESA)通过 Hermes 项目建造的,自 2002 年开始运行(图 6.19)。

设计 SCIROCCO 风洞的目的是产生空间飞行器重返地球大气层时经历的超高热流和压力。该风洞采用电弧射流技术来表征真实尺寸的防热系统(TPS)、热结构和空间飞行器的有效载荷。

风洞由一台 70MW 的电弧加热器运行,能够在马赫数为 12 的条件下,产生直径为 2m 的等离子体射流,持续时间可达 30min。电弧加热器(或等离子管)为分段式,其孔径为 0.11m,长度为 5.5m。经特殊处理过的空气以 87bar 的压力和 0.2~3.5kg/s 的质量流量进入电弧加热器,加热至 2000~10000K 的等离子体温度。

通过一个出口直径为 0.187~1.95m 收缩-扩散锥形喷管加速等离子体气流,获得高超声速。5 种喷管构型都能在适当的流动条件下进行试验。

图 6.19　CIRA 的 SCIROCCO 等离子体风洞鸟瞰图(来源:CIRA)

利用自动支撑系统将试验模型或部件插入圆柱形试验室内的等离子体射流中,试验段的总高为 9m,内径为 5m(图 6.20)。

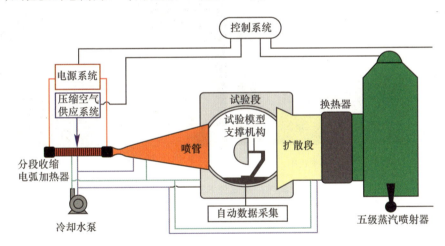

图 6.20　SCIROCCO 等离子体风洞布局(来源:CIRA)

经过试验段后,高超声速射流排放到长度为 50m 且能够使高超声速减速至亚声速的扩散段中,然后用一个大功率的换热器冷却。真空泵为其上游试验段产生所需的低压条件。试验气体在释放到大气中之前需通过"脱硝系统"进行处理,以去除高超声速-亚声速转变过程中产生的氮氧化物。

SCIROCCO 等离子体风洞的性能如图 6.21 所示,图(b)是总焓和压力,图(a)是相比于航天飞机典型再入轨道 SCIROCCO 风洞可以模拟的高度和速度。

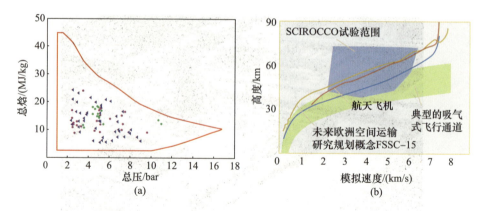

图 6.21　SCIROCCO 等离子体风洞的性能(来源:CIRA)

为了充分表征高超声速射流条件及其对试验模型的影响,SCIROCCO 风洞配有大量的仪器仪表:

(1) 热壁热电偶、红外测温仪和红外热像仪(图 6.22)。

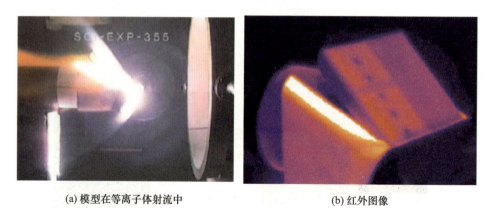

图 6.22　SCIROCCO 等离子体风洞中对部分 ESA EXPERT 飞行器的试验(来源:CIRA)

(2) 压力传感器:皮托压力/静压。

(3) 冷壁热流量热传感器。

(4) 通过发射光谱技术(OES)和激光诱导荧光技术进行光学流动诊断。

GHIBLI 是 CIRA 运行的另一个高超声速、高焓、低压电弧射流设施,用于直径约 80mm 模型的风洞试验。该风洞主要用于防护材料的性能鉴定和筛选,也可用于 CFD 验证,如驻点热流、进气道和喷管中的高超声速流动、黏性相互作用问题和激波-激波相互作用的验证。该风洞还可用于验证捕获空气热力学现象和推导经验或半经验关系式所需的高度复杂的实验测试技术。通常针对热流或其他流动参数(如密度、比热比、马赫数等)探索新的测试技术,其中非侵入式方法是必不可少的。热流由2MW的电弧加热器产生,在这种情况下,等离子体流仍处于亚声速状态,随后通过收敛-扩散型喷管加速至高超声速。

喷管出口段的直径为0.15m,等离子体流可以加速至马赫数10左右(具体取决于边界层厚度)。

GHIBLI试验舱是一个内径为1.8m、长度为2m的圆柱形容器,其中等离子体射流以垂直于试验舱纵轴的角度发射(图6.23)。在气流与模型表面相互作用后,等离子体射流流经扩散段并释放到大气中,这类似于前文提到的SIROC-CO等离子体风洞。试验舱壁无须冷却,并配有用于红外测温仪与热成像仪、高速摄影机、光谱仪以及激光束的光学通路。沿试验舱壁分布有测试仪器端口,以便压力测量管道或电缆与其他设备的连接,也可以采用非侵入式测量技术研究自由射流特性(图6.24)。

图6.23 CIRA GHIBLI风洞的电弧加热器和试验舱(来源:CIRA)

图6.24 GHIBLI风洞航天运输气动热力学构型试验(来源:CIRA)

6.3.5 连续等离子体风洞

燃烧气动热力学与环境研究所(ICARE)(奥尔良大气反应与环境气动热燃烧研究所)的大气压非平衡等离子体风洞(PHEDRA)试验设施是另一个配有射流式发生器的等离子体风洞。该风洞是一个可使等离子体以几千米每秒的速度流动的低压设施(3~10Pa)。这种风洞的优点是能产生持续几小时的稳定流动。其操作的灵活性也使模拟地球或火星上的大气再入问题成为可能。对这些等离子体进行的研究是基于一套专门用于分析这些介质的物理化学性质而开发的诊断手段,如测定电子密度的静电探头、研究辐射通量分子的发射光谱法、测定等离子体射流速度的激光诱导荧光(LIF)。此外,还使用压力和温度探头、流量计等诊断手段。

PHEDRA 风洞由一个试验段、一个水泵机组、一个等离子体发生器和一个稳定的直流电源组成。试验段是一个直径为 1.2m、长度为 3.2m 的卧式圆柱钢瓶,配有 8 个直径为 0.5m 的有机玻璃或铝制舷窗(图 6.25),具有良好光学性能的高强度玻璃舷窗主要用于光学测量。石英或氟光学特性舷窗可安装在对面的窗口上,以便使用不同的仪器进行光学测量。直接暴露在等离子体射流中的试验

图 6.25 ICARE 的 PHEDRA 风洞(来源:ICARE)

段背面由循环水系统冷却。水泵机组由三条串联的真空管路组成,总容量为 26000m^3/h。一根长 20m、直径为 0.4m 的管道通过一个直径为 0.4m 的阀门将实验室底部与水泵机组相连。PHEDRA 风洞中使用的等离子体发生器是为了研究重返大气层的空间探测器而研制的。设计指导标准如下:使用由氧气组成的气体;高比焓且具有非常低的阴极耗损率;在稳定的工作条件下需要运行很长时间(几小时);电极无损启动设计;易于维护。

该风洞是通过在阴极与作为阳极的喷管喉道之间产生可控强度的电弧来运行的。引入锥形喷管收敛段的气体在喉道通道处电离,然后在扩散段内加速,最后在保持低压的试验段中膨胀。一部分电弧能量转移到电极之间流动的气体中,并对气体进行加热、电离和解离。另一部分电弧能量转移到喷管和阴极支架中循环的冷却水中。气体分布有 4 个独立的进气道来模拟不同行星的大气成分,如地球、火星(97%CO_2,3%N_2)、泰坦星(99%N_2,1%CH_4)或金星(96.5%CO_2,3.5%N_2)。该发生器运行所需的低压气体流速需要足够高的比焓,从而模拟大气再入条件下的某些辐射特性。

例如,图 6.26 显示了在压力为 2.3×10^{-2}mbar 的情况下,圆盘驻点处周围空气的超声速等离子体相互作用的研究结果。

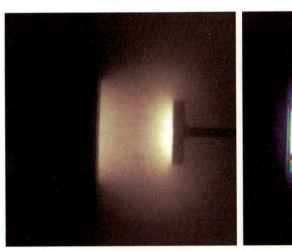 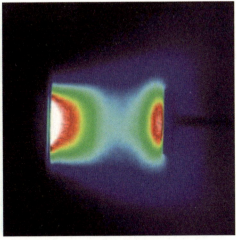

图 6.26 燃烧气动热力学与环境研究所 PHEDRA 风洞中圆盘驻点与超声速等离子体射流相互作用的研究结果(来源:ICARE)

为了改变障碍物周围的激波,还进行了更多的基础研究来观察磁流体动力学(MHD)对电离流的影响。图 6.27 所示为与空心截断圆柱相互作用的超声速氩气流,其中插入了永磁体,以产生二次磁场轴向流场。

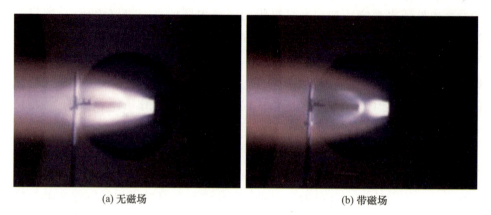

(a) 无磁场 (b) 带磁场

图 6.27 磁场对截柱与超声速氩等离子体射流之间相互作用的影响。ICARE 的 PHEDRA 风洞(来源:ICARE)

高空超声速和高超声速飞行条件可在奥尔良 ICARE 的 MARPHy 超声速/高超声速风洞中进行模拟,其运行条件如图 6.28 所示。MARPHy 风洞的特点使其非常适合在转捩和近自由分子状态的条件下,对高超声速流动进行基础研究。根据水泵机组所需的功率,这种自由流动和连续运行设备可提供 0~6g/s 的流量。该风洞由第一实验室(用作增压室)和第二实验室(用作试验段)组成。在超声速条件下,驻室(长 2.25m,直径 1.2m)由储气罐中的压缩气体连续供气。在高超声速状态下,风洞配有一个从不同的储气罐中供应氮气的喷管。图 6.29 所示为高超声速构型的 MARPHy 风洞示意图。

在超声速条件下,其运行马赫数为 2 和 4,试验段静压为 2~8Pa。在高超声

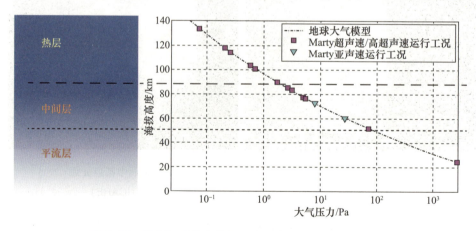

图 6.28 燃烧气动热力学与环境研究所 MARPHy 风洞的运行包络范围(来源:ICARE)

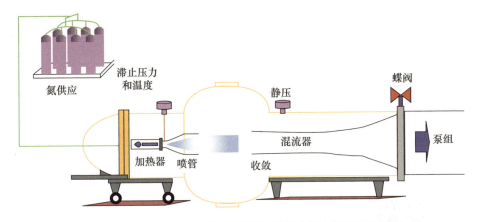

图 6.29　高超声速构型的 MARPHy 风洞布局(来源:ICARE)

速状态下,当供气喷管膨胀前加热到 1300K 左右时,马赫数可设定在 15~20。考虑到试验段的静压水平非常低,必须使用扩散段。

气体在到达驻室和喷嘴喉道前通过石墨电阻器加热,喷管喉道由一个双壁锥形扩散段和一个可互换的喉道组成,这两个构件都用水冷却。喉道的直径可在 1~3mm 变化,具体取决于所需的马赫数和质量流量。扩散段由一个锥形进气道和(其后有)一个直径为 0.36m、下游长度为 2.2m 的圆柱形延伸段组成。图 6.30 所示为 MARPHy 风洞的试验舱。

图 6.30　燃烧气动热力学与环境研究所 MARPHy 风洞的试验舱(来源:ICARE)

MARPHy 风洞非常适合可压缩稀薄流的基础研究,特别是空间探测器和航天器的空气动力学与气动热特性的基础研究。

6.3.6 其他等离子体设备

法国 Issac 试验场的空客赛峰运载火箭公司(ASL)也有一套设施,用于表征飞行器重返大气层时的气动及热防护性能。如图 6.31 所示,不同的设施涵盖了广泛的空气动力学和气动热应用。

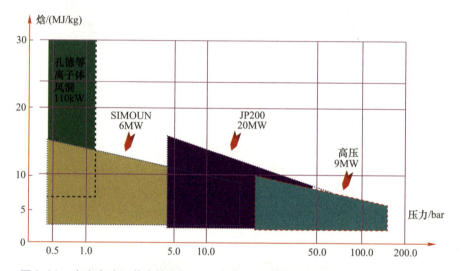

图 6.31 空客赛峰运载火箭公司 Issac 试验场可获得的压力范围/焓(来源:ASL)

一套等离子体发生器可以产生代表不同再入阶段的亚声速、超声速或高超声速流动。发生器使用三种等离子火炬来加热空气、空气 – 氩气混合物,或者模拟重返火星条件的另一种气体,如氮气 – 二氧化碳混合物。

COMETE 试验设施是一种使用感应产生的等离子体(用电磁波使空气电离),同时将等离子体火炬放置在仪表真空室中的低功率设备(图 6.32(a))。

朝向发生器出口的模型长期受到热流的影响(图 6.32(b))。COMETE 设备的主要特点如下:

(1) 电功率为 75kW。

(2) 滞止焓大于 8MJ/kg(空气)。

(3) 试验时间从几秒到 30min 不等。

(4) 工作气体为空气、氩气或氮气。

(5) 亚声速射流的直径为 80mm。

(6) 受试件的直径为 50mm。

(a) 试验段　　　　　　　　(b) 安装在试验段的试验管

图 6.32　ASL 的试验设施 COMETE(来源:ASL)

在亚声速条件下,试件承受的应力在 30~400mbar 的压力和 300~3000kW/m² 的热流(冷壁条件)范围之间变化。

第二项技术基于 Huels 型电弧加热器,并按照图 6.33 所示的示意图运行。电流送入上游电极,并通过气体转移到流体流经的下游中空电极。外磁场用于旋转拱脚(弧角)以限制电极的侵蚀,同时壁面用水循环系统冷却。

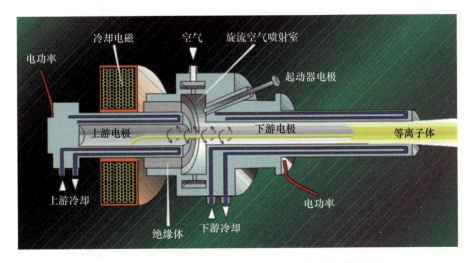

图 6.33　Huels 等离子体发生器技术的示意图(来源:ASL)

SIMOUN 是 ASL 的另一种试验设施,如图 6.34 所示,其工作原理是由电力驱动的气动和液压系统产生等离子体火炬。

在等离子体发生器的出口,由喷嘴使等离子体加速,以产生具有代表性的模型试验条件。当气体通过实验室下游的扩散段排出时,真空室允许出现高流速。

图6.34 ASL的SIMOUN试验设施(来源:ASL)

方形实验室配有各种光学设备,用于流动特性诊断,并使用常用的高速或热成像红外摄像机、高温计等对热防护的烧蚀情况进行研究。

等离子体发生器的主要特点如下:

(1) 电功率为6MW。

(2) 总压范围为1~18bar。

(3) 总焓范围为4~14MJ/kg(空气)。

(4) 试验时间从几秒到30min不等。

可进行两种类型的试验:

(1) 为了研究驻点处的加热情况,轴对称喷管可将活动支杆上安装的直径为50mm的模型上的流动加速至马赫数4.5。

(2) 半椭圆形喷管允许在300mm×300mm的平板构型(也可以设定在入射角处)上建立马赫数5的流场。

JP200试验设施结合使用4台Huels型加热器,以便在模型上实现更高水平的扰动(图6.35)。4个等离子体发生器在一个驻室内耦合和放电,以便对4股流动进行混合和沉降。该室与使流动加速的喷嘴相连。喷嘴可以是轴对称的,以便在模型上施加一个驻点;也可以用于提供一个方形或矩形试验段。在后一种构型中,等离子体流对不同表面涂层材料的影响可通过在试验段的平壁上放置该涂层材料进行研究。压力梯度对这些材料的影响也可以在试验段出口处的斜板上进行试验。

图6.35 ASL 的 JP200 等离子体试验设施(来源:ASL)

该设备的主要特点如下:

(1) 电功率为 $4 \times 5MW$。

(2) 滞止压力范围为 5~60bar。

(3) 无量纲滞止焓范围为 60~170(空气)。

(4) 试验时间约为 1min,在操作过程中,操作点可能发生变化。

由于等离子体射流排放到大气中,因此膨胀比受到限制。该设备可以用于:

(1) 驻点试验,其中试验舱配有一个轴对称特型喷管,可提供马赫数为 1.7、2、4 或 2.6 的均匀流;受等离子体射流影响的模型直径通常为 50mm,可承受 5~50bar 的滞止压力,在这种情况下,可进行压力、热流、温度和烧蚀测量。

(2) 在闭式方形试验段或斜板构型中进行更全面的评估,其中具有矩形或方形出口截面的不同喷管允许马赫数为 1.7 或 2.4;试样通常长 200mm、宽 40mm,可承受 1~15bar 的压力和 $1 \sim 25MW/m^2$ 的热流密度;可进行压力、传热、温度(壁面或材料)或烧蚀测量。

图6.36 所示的 JPHP 设施允许进行更高的压力测试(大于 100bar),以确保相关飞行器在大多数可能的任务中具有代表性。

该设备也按 Huels 原理运行,其主要特点如下:

图 6.36　ASL 的 JPHP 等离子体试验设施(来源:ASL)

（1）电功率 9MW。

（2）滞止压力大于 100bar。

（3）无量纲滞止焓为 60~140。

（4）试验时间约为 1min。

轴对称喷管可提供马赫数 1.7、2.4 或 2.6 流场。多试验旋转臂允许在等离子体射流(驻点构型)的前方连续放置多达 8 个样品或压力或温度探头。试样的直径通常为 50mm,其温度和烧蚀率可通过光学手段(摄像机)或更具侵入性的技术(热电偶)在整个运行过程中进行测量。

在 Huels 型发生器中,电弧长度不是定值,因此它可以不规律变动,这限制了其可利用的功率。在最新的技术中,分段发生器使用预定义的弧长,以达到更高的功率水平。这种系统的示意图如图 6.37 所示。两个冷却电极之间产生的电弧在一个由多段组成的通道中保持稳定,这些分段彼此电隔离,并由一个水循环冷却。在管段之间注入的气体向实验室供气,同时在受热效应影响的壁面附近添加较冷的空气,以保护这些气体。分段发生器的运行比 Huels 型发生器更稳定,因此可以在更高的功率下运行。

图 6.38 是实现该技术的一种试验设施。CIRA 的 SCIROCCO 风洞使用分段等离子体发生器(见 6.3.5 节)。

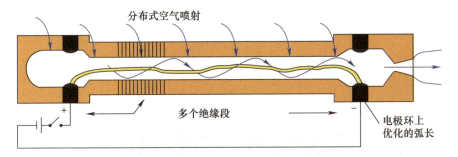

图 6.37　分段等离子体发生器技术的示意图(来源:ASL)

图 6.38　运行中的分段等离子体发生器(来源:Tekna)

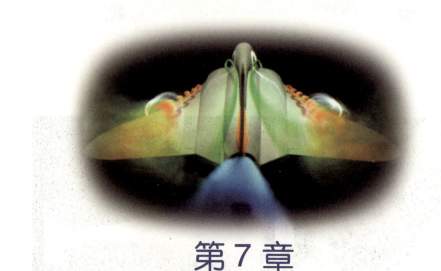

第 7 章
流动显示技术

7.1　流动显示技术的早期贡献

  在空气动力学中，或者更宏观的流体力学中，人们对可以直接可视化的物理现象比较感兴趣，这是一种很大的优势，而不像其他学科，只能观察到某种现象的后果。在研究流体流动时，工程师和研究人员已经开发出一些较为复杂的流动显示技术，以帮助他们进行研究。在研究空气动力学的先驱中，值得一提的是Étienne‑Jules Marey(1830—1904 年)，他建立的可视化技术服务于由古斯塔夫·埃菲尔设计的第一个现代风洞，该风洞于 1909 年安装在铁塔底部。Marey 开发的装置包括产生非常薄且平行的烟流，烟流垂直流动，并由风扇向下吸走(图 7.1)。然后，在流动中放置一个物体，从而研究烟雾在绕过物体时的路径变化。Marey 开发了几种烟流装置,其最新的版本可通过拍摄一系列快照来显示烟雾的流动速度,实际上是 PIV 技术的前身。目前,烟流显示技术仍用于检测飞行器或模型产生的流动分离或涡流。

图 7.1　Étienne – Jules Marey 实现的烟流显示技术(来源:CFCA)

另一种非常古老的可视化方法是使用丝线(丝绸、羊毛或任何其他纤维),其末端粘贴在模型的表面。就像船帆一样,自由端在流动中对齐或快速摆动,从而分别指示流动的方向及非定常脉动。这种技术成本低且易于实施,目前仍用于流动分离显示(图 7.2)。

图 7.2　汽车流动分离区域的丝线显示技术(来源:标致雪铁龙集团)

光学技术对高速流动中的激波现象的可视化具有重要意义，它可以显示快速膨胀区及压缩区、边界层和尾流。在空气动力学方面涌现了很多流动显示技术，但本书不详细讨论所有技术，后续章节只限于当前应用中最常用的流动显示技术。

7.2 表面流动显示

表面流动显示的目的是显示极限流线或壁面流线，当到壁面的距离 y 趋于零时，这些流线被定义为流线的极限（图 7.3）。就牛顿流体而言，在极限 $y \to 0$ 处，速度矢量的方向与壁面表面摩擦矢量共线，因此表面摩阻线的概念定义为与表面摩阻矢量相切的直线。壁面流线（或极限流线）和表面摩阻线原则上是相同的概念。但从物理学的角度来看，最好采用可测量的物理量明确定义的表面摩阻线的概念，而不是由理论边界条件产生的极限流线的概念，该概念有时是存疑的。覆盖物体的一组表面摩阻线称为表面流谱。

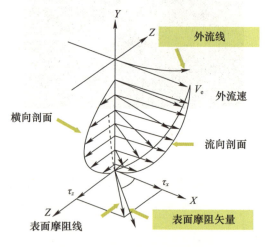

图 7.3　三维边界层的速度剖面

7.2.1　表面油流流动显示

为了显示表面流谱，模型吹风前，在其表面涂上一层黏性液体。这些方法的假设是，因流动对表面黏性液体施加的剪切所产生的痕迹或条纹线可识别为表面摩阻线。这需要涂层足够稀（薄），不会影响近壁区域的流动，同时又足够黏（厚），不会被冲出。油流显示的材料从白酒到甘油，再到硅油，这些产品通常与白色或荧光颜料（如二氧化钛和 Day Glo 粉）紧密混合。因此，可使用不同的颜色来显示更复杂的流谱,如图 7.4 所示。

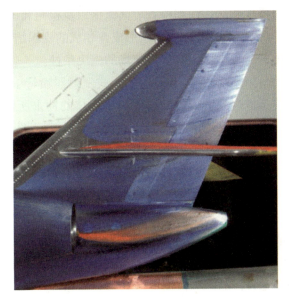

图 7.4　公务机模型后部使用彩色油流的流动显示效果(来源:ONERA)

好的油流涂层没有通用的"配方"。流动显示的质量取决于油的性质和黏度、染料、图像采集技术、待研究流体的速度、压力和温度,以及实验人员的技能。风洞的运行模式(连续或暂冲)也会影响试验结果。

在二维、平面或轴对称流动中,表面流动显示有助于验证流动的二维特性,并检测流动分离区域。在三维构型中,表面流动可视化往往必不可少,表面流型是外流结构的印记,通常比二维构型更复杂(图 7.5)。在实际应用的大多数情况下,三维流场的表面流谱可以揭示临界点和分离线。这种流谱可通过用于区分节点、焦点或鞍点等临界点以及识别穿过鞍点表面摩阻线的分界流线的临界

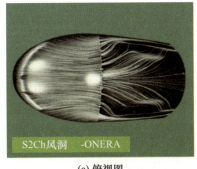

(a) 俯视图

(b) 侧视图

图 7.5　扁平椭球体的表面流谱(来源:ONERA)

点理论进行合理的分析与解释。分界流线可能因流动分离或附着而引起,这取决于其附近流动的特性。通过仔细检查表面流谱以及检测和识别其临界点以及分离或附着线,可以初步了解分离流区域形成并卷成的旋涡结构情况。因此,好的表面流动显示技术通常是进一步探索流场的先决条件。

图7.6(a)所示的复杂表面流谱显示了塞式发射器喷管中心体部分的表面摩阻线。它显示了从推进喷管喷出的射流对中心体的冲击所产生的流动结构,以及用于推力矢量的横向射流的出现所引起的流动分离。图7.6(b)给出了近壁流场的拓扑解释。对于局部平坦的表面而言,可基于能够表示由节点和焦点(附着和/或分离类型)等临界点诱导的速度场的二维解析模型验证视觉分析中的临界点。这些模型均基于满足拉普拉斯速度势方程的源和涡类型的数学奇异性。这种解析纯粹是定性的,并不揭示流动起源或性质。将实验检测到的鞍点个数和位置与数值计算得到的鞍点个数和位置进行比较,可以确定奇异点和奇异线(附着或分离)的性质。该方法与交互式数值模型相结合,可作为验证表面流动显示结果的视觉分析的一种快速方法。

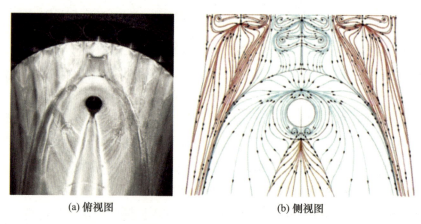

(a) 俯视图　　　　　　　(b) 侧视图

图7.6　塞式喷管中心体的表面流谱(来源:ONERA)

7.2.2　升华法

升华法是将升华物沉积在模型上,升华物在流动的热传递过程中升华,它主要用于检测层流到湍流的转捩现象。事实上,湍流中的传热系数比层流中的传热系数更高,因此在模型中边界层呈湍流的部分,升华物的升华速度更快(红外技术和温敏漆(TSP)也利用了这种温差,见9.5节)。最常见的升华物体是用丙酮稀释的萘。在试验开始前,该模型覆盖一层薄薄的白色萘层,随着流动的形成,白色萘层逐渐消失,而湍流区域会在层流区域之前升华失去白色萘层。整个萘层会在一段时间后升华,因此应在正确的时刻拍摄快照。9.5.3 节所述的红外热成像法是测量表面热流的一种定量方法,也可用于显示层流到湍流的转捩(见 1.7 节)。

7.3 水洞内的流动显示

水洞是显示对雷诺数依赖性较弱的低速流动的一种有效工具(见 3.4 节)。该技术涉及将染料示踪剂以密度非常接近水密度的流体细丝的形式引入流动中,这些细丝可能具有不同的颜色,以区分流动的各种结构。注入操作要么在流动显示区域的上游完成,要么通过模型上的孔完成。有时,荧光素用作示踪剂,可以给出壮观的实验图像。图 7.7 显示了在战斗机模型上用彩色染料细丝进行的流动可视化,有效揭示了三角翼上翼面形成的强涡流的破裂。

图 7.7 战斗机三角翼上方的涡破裂(来源:ONERA)

另一种技术是用模型上游的泡沫物体产生小直径的气泡(图 7.8),这些气泡用一个片光照亮,从而显示一个流动平面。然后,在一定的曝光时间内,拍摄一张快照,并捕获气泡的轨迹作为示踪。

气泡法得到的图像很有指导意义。该方法是 PIV 的起源,由于激光光学和信号处理领域的进步,PIV 得到了很大的发展。图 7.9 是垂直平面内的流动(从下游看的后视图),其有效显示了协和式飞机模型上翼面的涡流。

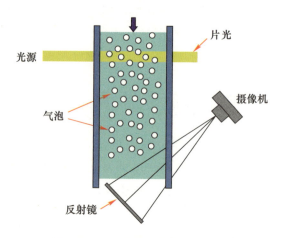

图 7.8 水洞中气泡法的流动显示

图 7.9 协和式飞机模型绕流的气泡法流动显示(来源:ONERA)

7.4 激光断层摄影或激光片光流动显示技术

该方法的原理是用足够强的激光照射注入流动中的示踪粒子,观察示踪粒子所散射的光。水滴或烟粒子是通过适当的油雾化产生的。在大多数应用中,片光由通过玻璃棒(柱面透镜)的激光束或透镜组合产生(图 7.10)。可以获得显示涡流、边界层或激波的非常有意义的图像。

如图 7.11 所示,通过移动激光平面或使用多个激光片光,可对流场进行更完整的描述,图中显示了超声速流动中弹体有攻角时上方形成的涡流。

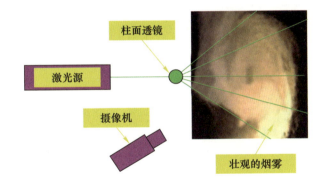

图 7.10 激光片光流动显示原理

图 7.11 马赫数 2 带攻角的弹体上方涡流的激光片光流动显示(来源:ONERA)

7.5 光学成像流动显示技术

7.5.1 纹影和阴影技术

纹影和阴影技术用于显示密度 ρ 变化足够大,并使气体的折射率发生重大变化的流动。因此,这些方法通常用于高亚声速状态到高超声速状态的高速流动。在二维流动(平面流或轴对称流)中,这些技术可识别压缩波和膨胀波、激波和强剪切区域(如边界层和混流层)等流动结构。通过局部表面加热引起折射率的变化,纹影技术也可用于流速非常低的水流中。

(1) 阴影技术:包括在扰动流的两侧放置一个点光源和一个光电二极管(光传感器)(图 7.12)。

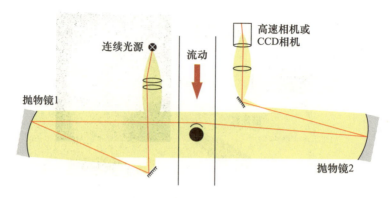

图 7.12　阴影仪光学试验原理

该方法计算光折射率的二阶空间导数,该导数与密度成正比,因此与温度和/或压力成正比。

图 7.13 所示为 ISL 弹道靶中空间探测器模型飞行时短曝光时间的阴影图,图中显示了弓形激波和尾流中的湍流结构,以及这些结构产生的声波及其在附近超声速流动中的传播。

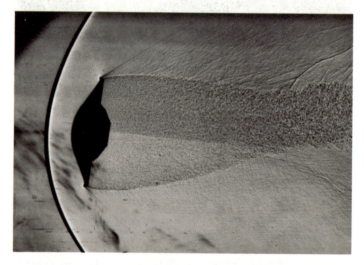

图 7.13　ISL 航空弹道靶中发射的空间探测器模型的阴影图(来源:ISL)

图 7.14 所示为模型机头(为了减小在跨声速和超声速状态时的阻力,配有气塞式喷管)绕流的彩色阴影图。

为了在垂直于流动呈锥形相似性的方向上的平面内进行观察,如后掠模型引起的激波/边界层干扰,实验流体力学领域开发出一些特殊的光学装置,如锥形光阴影仪。

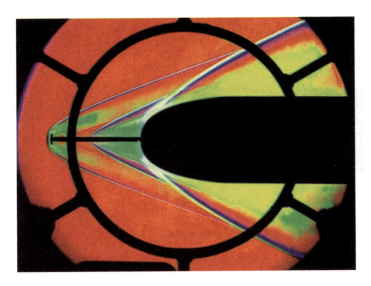

图 7.14　ONERA Modane–Avrieux 中心 S3MA 风洞中的彩色阴影图（来源：ONERA）

（2）纹影技术：不因流体折射率梯度而发生偏转的光可用刀片加以遮挡（图 7.15）。该方法表征了光折射率的一阶导数，与密度梯度直接相关。纹影技术比阴影技术灵敏度更高，因为它提供了更大的图像灰度变化。同时，刀口的垂直或水平的放置方式为解析密度变化的方向提供了可能。

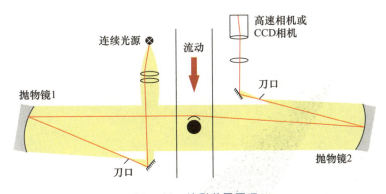

图 7.15　纹影装置原理

图 7.16 所示为法国宇航院默东中心 S8Ch 风洞中塞式喷管在马赫数 2 超声速流动中的短曝光时间的纹影照片。

在传统的纹影光学试验中，积分域是指试验段两侧安装的两面反射镜之间的区域，该积分域也可以对准通过被测区域的光束。这种传统的纹影系统可以给出流经光束流体流动特性的清晰图像，但这些图像很难解释三维流动。在聚焦纹影系统中，物体经过很短的距离便偏离聚焦区域。因此，可以观察到垂直于

图7.16 塞式喷管绕流的纹影照片(来源：ONERA)

光轴方向薄切面内的流动密度变化。若是定常流动，或在湍流中观察平均特征，则可以使焦平面穿过被测区域，通过不同时刻记录的图像获得三维流动的描述。

另外，对于不可压缩流体(如液体)而言，折射率随密度的变化可以忽略不计，但是对温度却非常敏感。因此，随着表面加热技术的发展，纹影可作为研究水洞流动的流场可视化技术，且非常适合非定常三维涡流的研究。传热技术(或热标记)需要在壁面上安装一个嵌入式铜膜。这种金属元件与模型中的电阻器接触，通过焦耳效应加热，电源装置可以调节通过电阻器的电流强度。图7.17所示为锥柱体顶点涡表面加热的流动显示结果。

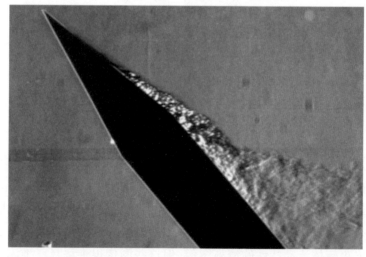

图7.17 水洞采用热标记技术的锥柱体模型纹影(来源：ONERA)

7.5.2 干涉测量法

干涉测量法同样基于可压缩流中的折射率变化,是定量分析跨声速和超声速流动的一种有力手段。其原理和实施过程详见 11.2 节。虽然干涉测量法也可作为显示可压缩流动的一种手段(图 7.18),但是因为使用过程中需要精密的系统,使得在简单的流动显示应用中更倾向于纹影和阴影技术。

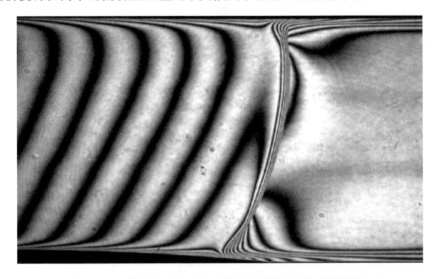

图 7.18　带激波跨声速流动的差分干涉(来源:ONERA)

7.5.3 差分干涉测量法

20 世纪 80 年代 ISL 开发的差分干涉测量法比阴影和纹影技术对密度梯度更敏感,与传统差分干涉仪被完全分离不同,穿过相位物体的两个干涉光束彼此之间只有很小的横向偏移,之后光束被一个由双折射晶体(如石英或方解石)组成的双沃拉斯顿棱镜分离开。

图 7.19 介绍了差分干涉测量的工作原理。作为准直光束通过流场前,两个垂直偏振光束通过沃拉斯顿棱镜扩展并分开零点几毫米,用第二个沃拉斯顿棱镜合束,然后用偏振器分析并通过透镜系统聚焦在电荷耦合器件(CCD)相机上。流场密度的变化使两个分离光束产生了不同的光程长度,在 CCD 相机上呈现出干涉图样。为了获得具有均匀光强分布的多条纹或单条纹图案,可以适当调整试验系统。在这种情况下,图像看起来像纹影图像,密度梯度场是按照干涉图上的光强分布显示的。

与其他流动显示技术相比,这种干涉仪具有显著优势:

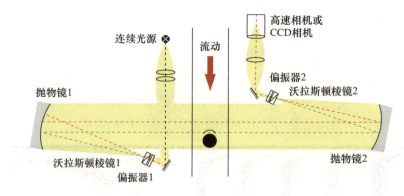

图 7.19　差分干涉测量系统原理

(1) 对光学元件的振动和缺陷相对不敏感。

(2) 它为不同物理现象的流动显示提供了极大的灵活性,尤其是在极低密度的气体中,灵敏度可根据沃拉斯顿棱镜的角度进行调整。

图 7.20 所示为一张伪彩色图像,它是尾支撑周围两个半圆柱体分离产生的激波的差分干涉测量结果,试验马赫数为 4.5(对应海拔高度 13.9km)。

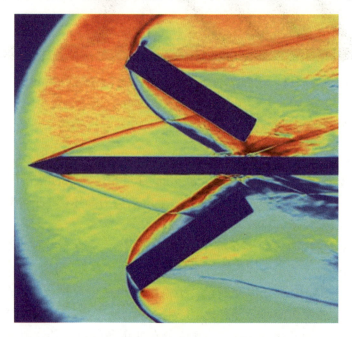

图 7.20　两个半圆柱体分离的差分干涉图像(来源:ISL)

为了对比不同方法的灵敏度差异,图 7.21 给出了 ISL 激波风洞使用三种不同流动显示技术获得的球体在马赫数 10(对应海拔高度 50km)的绕流结构。

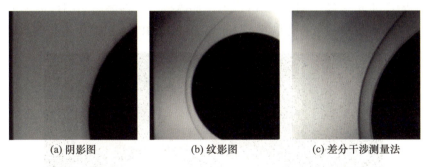

(a) 阴影图　　　　　　　(b) 纹影图　　　　　　　(c) 差分干涉测量法

图 7.21　球体在 50km 海拔高度马赫数 10 绕流的流动显示(来源:ISL)

7.6　短时曝光流动显示

许多空气动力现象(如超声速喷管的进气道启动、飞行射弹、爆炸、湍流、波的传播等)的瞬态和非定常特性促进了捕捉瞬态现象的流动显示技术的发展。从其发展之初,阴影技术、纹影技术和差分干涉测量法就用于高速流动的情况,主要区别在于传感器上的图像捕获技术。当时,试验是在完全黑暗的环境下使用火花系统进行的,以产生曝光时间非常短(几纳秒)的明亮火花,这几乎非常清楚地冻结了感光板上的流动。然后,火花系统串联使用,是一个感光胶片附着在鼓轮上的高速鼓轮式摄影机,可在试验期间捕获多张图像。在高超声速流动中,持续 3ms 的流动可记录 8 张图像。随着高速数码相机的出现,这种记录技术在 21 世纪初就已淘汰。最有效模型的光圈开启时间小于 300ns,这相当于火花间隙的曝光时间。在 1280×800 像素的分辨率下,采集速率可达到每秒 25000 帧。

基于粒子位移的方法(如 PIV)还要求用脉冲激光照射流场,以获得几乎瞬时的图像(见 11.6 节)。

7.7　感应光发射的可视化

这些技术主要用于低密度高超声速流动,是基于气体原子在电离作用下发出的光(见第 12 章)。

7.7.1　辉光放电法

气体由强电场电离,在氮分子的激发作用下产生等离子体。这就产生了光发射,其强度由局部密度而定。该过程仅适用于密度非常低的流动,主要涉及激波、边界层、混流区等。图 7.22 所示为楔形体产生的斜激波与圆柱前形成的激波相交产生的流场的可视化效果(DLR 在 ONERA R5Ch 风洞中进行的实验)。

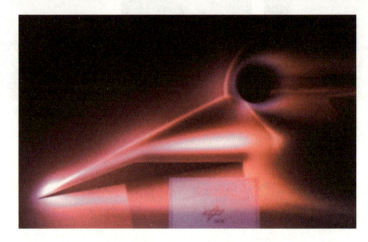

图 7.22　马赫数 10 时激波 - 激波干涉的辉光放电可视化效果(来源:DLR)

7.7.2　电子束 - 诱导荧光

电子束 - 诱导荧光(EBF)过程利用氮气分子在强电子束轰击(30kV, 0.1mA)后断电时发出的光,也被用于定量测量(见 12.7 节)。经过火星探测器的马赫数 10 流场的 EBF 可视化效果如图 7.23 所示,通过以 50Hz 的频率扫描电子束获得流场的图像。

图 7.23　经过火星探测器的马赫数 10 流场的 EBF 可视化效果(来源:ONERA)

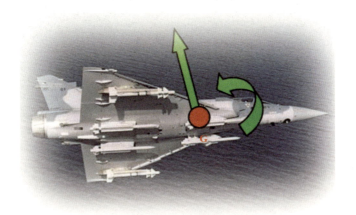

第 8 章
气动力和力矩的测量

8.1 气动力和力矩

　　飞行器周围的流动产生了作用于压力中心的气动力和力矩。空气动力学家面临的问题是确定这些力及其相对于飞机重心 G 的作用点。因此,气动力的平衡简化为作用于重心 G 的一个力和一个力矩(图8.1)。这些是计算飞机轨迹及其绕重心 G 运动所需的必要信息。

　　在风洞中,模型相对于参考位置的载荷可由多分量天平测量。必须提供参考位置即力简化中心,以便将力矩转换到任何其他点(通常是平均气动力中心,对于标准翼型,则位于1/4弦长位置附近),从而计算可外推至真实飞行器的气动力和力矩系数。

图 8.1 作用在飞机重心的气动力

气动系数可分解为欧几里得空间,得到三个力和三个力矩,如图 8.2 所示。根据不同的坐标系进行分解:

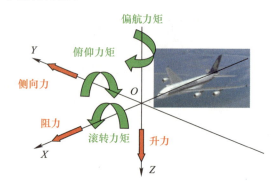

图 8.2 构成气动系数的力和力矩

(1) 气动轴系,与逆风方向相关。
(2) 飞机轴系,与飞机或模型相关。
(3) 风洞轴系,与进行试验的风洞相关。
(4) 天平轴系,与测量气动力和力矩的系统相关。

本章将考虑气动坐标系,从而定义其轴线:

(1) 纵轴 X_α,与速度矢量 V_∞ 对齐,正向前。
(2) 垂直轴 Z_α,与水平面 X_α 垂直,正向上。
(3) 水平轴 Y_α,与 X_α 和 Z_α 垂直,正向为朝向飞机右侧(右舷)。

在该体系中,力 F 分解为:

(1) 沿 X_α 的一个分量→阻力 F_x。

(2) 沿 Z_a 的一个分量→ 升力 F_z。

(3) 沿 Y_a 的一个分量→ 侧向力 F_y。

力矩 M 按同样的方式分解为：

(1) 沿 X_a 的一个分量→ 滚转力矩 M_x。

(2) 沿 Z_a 的一个分量→ 偏航力矩 M_z。

(3) 符合 Y_a 的一个分量→俯仰力矩 M_y。

若已知某一轴系 T_1 中的气动力分量，则其在任何其他轴系 T_2 中的分量由这种变换矩阵 $[R]$ 推导得出：

$$\begin{bmatrix} X' \\ Y' \\ Z' \end{bmatrix}_{T_2} = [R] \begin{bmatrix} X \\ Y \\ Z \end{bmatrix}_{T_1} \tag{8-1}$$

空气动力学家面临的一个主要挑战是确定气动力的作用位置。这对飞行力学有重要意义，因为飞机的稳定性和操纵性依赖于这个位置（与整个飞机的重心有关）。这就引入了中性点的概念，中性点是指当飞机应对姿态（如迎角）突然变化时保持稳定的平均空气动力中心位置。在设计过程中，需要定义静稳定裕度，即重心到中性点的距离。为了使飞机保持稳定，重心应始终在中性点的前面，因此需要一个用平均空气动力弦的百分比表示的正静稳定裕度。

通过空气动力天平测量施加在模型上的力。天平由一组应变片组成，用于测量因作用在飞行器上的力而产生的偏转，并且可以使用简单的胡克定律来测定这些力。这些天平具有非常不同的结构，具体取决于受试飞行器；最小天平的体积只有几立方毫米，可安装在模型内。

8.2 空气动力天平

8.2.1 力和应变计

气动力系数的 6 个分量是通过测力天平来确定的，其原理是基于板或梁形状中各元件的偏转测量。这些变形由装有延伸计或应变计的测力传感元件进行测量，这些传感元件可感知材料的挠度，并将其转换为电阻或电压的变化量（电阻与挠度成正比）。应变计由一种绝缘柔性基底组成，支撑与图 8.3 所示的印制电路（通过光刻或蚀刻）类似的金属箔图案（几微米厚）。当测量微小的变形时，应变计按照胡克定律，在弹性状态下工作。

在力 F 的作用下，梁的长度 L 延长了 ΔL，即材料的应变，表示为

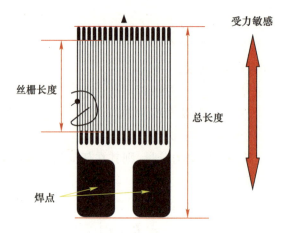

图 8.3　典型的电阻箔应变计

$$\varepsilon = \Delta L / L \qquad (8-2)$$

梁承受的应力可表示为

$$\sigma = F / A \qquad (8-3)$$

式中：A 是梁的截面面积。应力和应变的关系式如下：

$$\sigma = E \times \varepsilon \qquad (8-4)$$

式中：E 表示恒定温度下固定材料的杨氏模量。因此，应变 ε 的测量结果可以测定应力 σ，从而测定力 F。

电阻元件可以是导线，也可以是半导体的电阻式应变计中，因施加一个力所引起的延伸会引起电阻的变化：

$$\frac{\Delta R}{R} = k \frac{\Delta L}{L} \qquad (8-5)$$

灵敏度系数 k 为

$$k = \frac{\Delta R / R}{\Delta L / L} = \frac{\Delta R / R}{\varepsilon} \qquad (8-6)$$

偏转引起的电阻变化可以通过在惠斯通电桥中接入作为电阻桥臂的应变片来测量的，但很少进行直接测量。在大多数应用中，4 个固定在天平变形构件上的应变片构成了惠斯通电桥，电桥在支柱或模型支撑的梁上受气动载荷力或力矩的状态下工作。然后，从运用惠斯通电桥方程得到的关系式中推导出各力的分量，本书不对此做详细介绍。采用图 8.4 所示的应变计布局，可以通过弯矩测量梁上受到未知点的一个力，由此用两个电桥可测定气动力和力矩，包括滚转力矩。为了进行直接阻力测量，可以使用图 8.5(a) 所示的布局。这种灵敏度相当差的方法不适用于低阻力的测量。低阻力测量应首选基于平行四边形变形的方法，这种布局进一步放大了要测量的力，从而提高了测量的准确度（图 8.5(b)）。

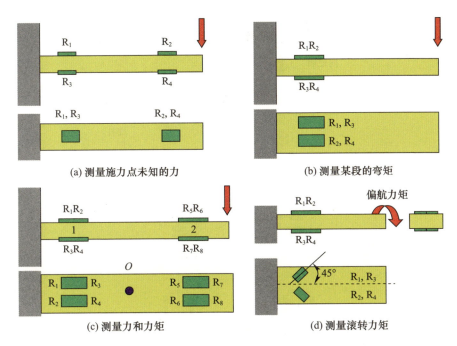

图 8.4　惠斯通电桥上安装的应变计布局

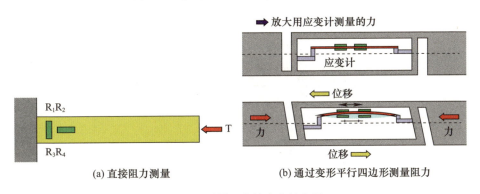

图 8.5　测量阻力的应变计布局

8.2.2　杆式测力天平

应变计固定在天平的可变形测量元件上,该元件与支撑模型的支杆下游相连。模型受到的力和力矩传递到固定支杆的后端,使得测量元件在气动载荷作用下发生变形(图 8.6)。

然后,可将相对于天平虚拟中心测定的力转换到与模型直接相连的任何其他点上。图 8.7 所示的示意图给出了天平在测量六分量时的应变计布局,而图 8.8 给出了基于该原理的 ONERA 72C 杆式天平。

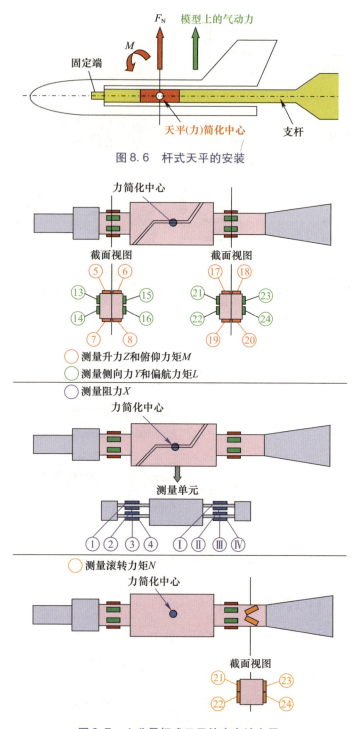

图 8.6 杆式天平的安装

图 8.7 六分量杆式天平的应变计布局

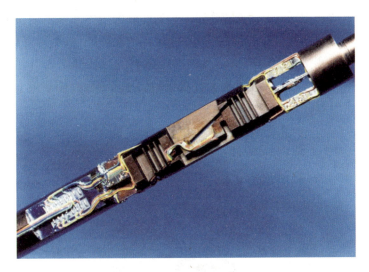

图 8.8　ONERA 72C 六分量杆式天平（来源：ONERA）

这种天平的准度会受到来自力或力矩分量的干扰或耦合响应的影响，这些力或力矩分量随后由其他分量自动记录，这是不完全解耦的结果。例如，阻力 X 可能响应来自分量 Y、Z、L、M、N 的电桥产生的影响。这是几何不确定性、加工不对称、应变计位置、偏差或弹性变形造成的。因此，天平必须按照复杂的程序进行校准，本书对此不作详细介绍。

8.2.3　直接力值测量的测力天平

还可以通过集成单分量或多分量力传感器设计出测力天平。压电式力传感器就是这种情况，它是由材料科学的发展演变而来的。传感器由石英（SiO_2）等材料制成，在晶体表面施加力会产生电荷。如图 8.9 所示，力根据原子晶格的方向而产生纵向压电效应或切向压电效应。

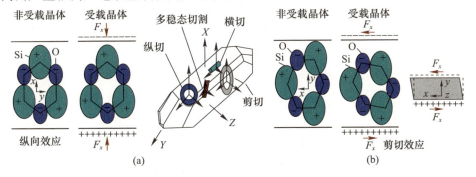

图 8.9　纵向和横向压电效应原理（来源：Kistler）

相应的电荷与力成正比,通过叠加一系列并联的敏感元件来调整灵敏度,从而提高传感器的效率。同样,通过集成不同方向的测力元件,也可以设计出多分量传感器。用于测量法向力和剪切力的力传感器的组装如图 8.10 所示。每个力分量由一对压电元件测量,所有元件都并联至整个组件,用于测量 X、Y 和 Z 方向上的三个分量。

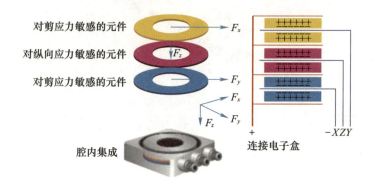

图 8.10　三分量压电式传感器(来源:Kistler)

压电效应产生了一种线性关系,通过这种关系将电荷与所施加的力联系起来:

$$Q = S \times F \tag{8-7}$$

式中:F 是以牛顿(N)为单位的力;Q 是以微微库仑(pC)为单位的电荷;S 是以微微库仑每牛顿 pC/N 为单位的灵敏度(纵向荷载约为 2.3pC/N,横向荷载约为 4.6pC/N)。

传感器的固有导电率等于载荷作用下的电荷。一般使用两种原理:要么在传感器中就地进行阻抗转换,然后发出与力成比例的电压;要么通过电荷放大器传递传感器的载荷。

因此,测力天平由一个固定底座和一个承载平板组成,通常由一组三分量传感器(通常为 3 个或 4 个)连接。当模型连接到底板时,将力设置为平衡状态,这抵消了因模型的重量而产生的载荷。图 8.11 所示为测量装置的组装图,其中 4 个三分量传感器串联在一起,形成一个组件,用于测量沿 X、Y 和 Z 方向的三个力分量。

用于研究启动超声速喷嘴瞬态过程的风洞装置如图 8.12 所示。使用三个单独测量输出的三分量传感器,测量作用于天平虚拟中心的全部空气动力载荷。

因此,作用于喷嘴的气动力可表示为

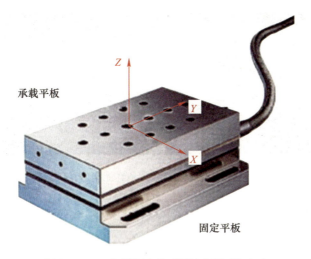

图 8.11　三分量测力传感器（来源：Kistler）

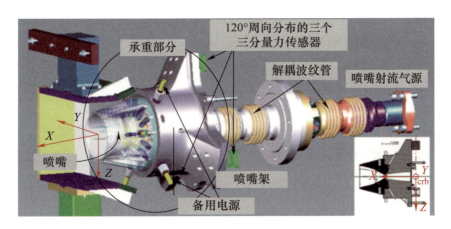

图 8.12　超声速喷嘴启动过程中的六分量天平测力系统
ONERA 默东中心 R2Ch 风洞试验（来源：ONERA）

$$T = M \cdot F \tag{8-8}$$

式中：F 为 9 个力值测量的矢量，T 为六分量气动力。矩阵 M 是通过使用沿空间上 3 个方向的已知力对天平进行校准并对校准矩阵进行求逆计算而来的。

这种传感器可以最小的变形进行刚性平衡，从而确保风洞模型的精确姿态（俯仰、侧滑和偏航）。平衡式传感器的每个部件与负载放大器组合，负载放大器的反作用提供了可调的时间常数，从而可以测量稳定的力，称为准静态测量。这种组合还适用于动态测量，其带宽可以达到几千赫兹。两分量和三分量力传感器的示例如图 8.13 所示。

图 8.13　Kistler 9327C 力传感器和其他模型（来源：Kistler）

8.2.4　地面运载工具专用天平

在试验段的水平壁板上安装车辆，测量施加在汽车上的力和力矩。车辆通过车轮与一个移动框架相连，并在一个相对于固定参照物的标准正交框架中控制和测量平移与旋转运动。活动框架通过经校准的测力传感器与一个固定支架相连，从而直接测量施加在车辆上的力。若是六分量天平，则用 6 个测力传感器将移动框架与固定框架相连（图 8.14）。沿 x 方向的第一个测力传感器 C_1 可以测量阻力，另外两个测力传感器 C_2（位于 y 方向的模型前侧）和 C_3（位于 y 方向的模型后侧）分别测量前后侧向力、总侧向力和偏航力矩。其余三个垂直方向的测力传感器 C_4、C_5 和 C_6 用于测量总升力 F_z、前升力 F_{zavt} 和后升力 F_{zarr}、滚转力矩 M_x（绕 x 轴）和俯仰力矩 M_y（绕 y 轴）。

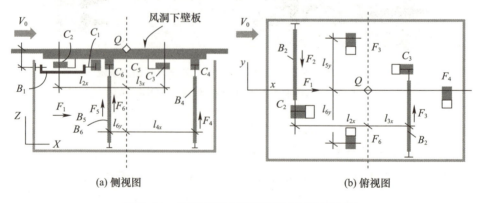

图 8.14　地面运载工具车辆测力天平示意图

图 8.14 中，F_1、F_2、F_3、F_4、F_5 和 F_6 分别表示与连杆 B_1、B_2、B_3、B_4、B_5 和 B_6 相连的测力传感器 C_1、C_2、C_3、C_4、C_5 和 C_6 相关的力。由此可以测定这种构型的阻力、侧向力、升力、滚转力矩、俯仰力矩和偏航力矩。测力传感器 C_1 测得的力与

阻力直接相关：

$$F_x = F_1 \tag{8-9}$$

由测力传感器 C_2 和 C_3 传递力 F_2 和 F_3，作用在车辆 Q 点的侧向力和偏航力矩为

$$\begin{cases} F_y = F_3 - F_2 \\ M_z = l_{3x}F_3 + l_{2x}F_2 \end{cases} \tag{8-10}$$

然后，根据以下关系式，用测力传感器 C_4、C_5 和 C_6 分别测定前后升力和总升力：

$$\begin{cases} F_{z_{av}} = F_5 + F_6 \\ F_{z_{ar}} = F_4 \\ F_z = F_{z_{av}} + F_{z_{ar}} \end{cases} \tag{8-11}$$

滚转力矩和俯仰力矩为

$$\begin{cases} M_x = l_{5y}F_5 - l_{6y}F_6 \\ M_y = l_{6x}(F_5 + F_6) - l_{4x}F_4 \end{cases} \tag{8-12}$$

GIE S2A 风洞的测力天平如图 8.15 所示（见 3.3.3 节）。每次试验前，测力传感器都用已知砝码进行校准。

图 8.15　S2A 风洞的测力天平（来源：Soufflerie S2A）

8.3 通过尾流测量测定阻力

可运用流体力学的基本方程(质量、动量和能量守恒)间接测定模型上的气动力。该方法主要用于确定相对于飞机升力较小的阻力,其大小有时处于天平精度的极限。此外,该方法还可以分析阻力源,如有助于优化机翼的设计。

考虑包含图 8.16 所示飞行器的控制体积,其中(S_3)是一个足够大的流管,其表面压力保持恒定且等于未扰动上游流的压力;(S_1)是一个上游平面,其流动的压力 P_∞ 和速度 V_∞ 均匀;(S_2)是一个下游平面,其压力 P 和速度 V 不均匀。当横向距离较大时,P 和 V 再次等于 P_∞ 和 V_∞。平面(S_2)包含速度和压力发生变化的飞机尾流。因此,置于上游速度和压力稳定流动中的独立飞行器所受的阻力 T 可表示为

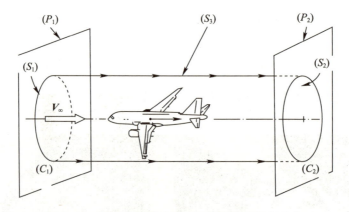

图 8.16 通过模型尾流测量计算阻力的控制体积

$$T = \frac{V_\infty}{|V_\infty|} \int_S [(P - P_\infty) + (\rho V n)(V - V_\infty)] dS \qquad (8-13)$$

式中:S 是包含飞行器的全局域。该方程称为奥斯瓦底希关系式。

当 S_1 和 S_3 平面上的积分项为零时,阻力通过下游平面 S_2(通常是与上游速度矢量几乎垂直的平面)的流动测量推导而出。速度损失可转化为滞止压力损失(或单位体积能量损失,单位为 J/m³),其大小可通过探查该平面内的流动情况来确定。飞机飞过时会在尾流中留下痕迹或足迹,这是一种滞止或总压力损失的形式,由边界层和分离区中的黏性效应和/或激波中的熵跳跃引起。由于总压力的测量精度高,用这种方法测定阻力的总体精度更高,特别是在阻力小的情况下尤其如此。运输机(马赫数 0.7 流场中的半翼模型)下游的总压力分布如

图 8.17 所示。该图首先给出了一个与边界层黏性阻力有关的总压损失区,然后给出了与翼尖涡中的湍流相对应的第二个区域,该区域有助于产生诱导阻力。

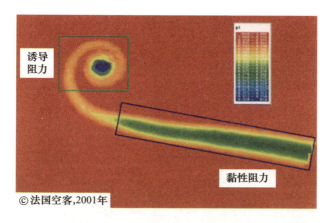

图 8.17　马赫数为 0.7 时半翼模型下游的黏性尾流和翼尖涡

这种测量可以帮助识别和表征阻力源,并对阻力源进行量化,因此对飞机或地面运载工具的设计人员来说很有指导意义。通过解决跨声速流动中因激波引起的黏性阻力、诱导阻力和波阻的因素,可以指导改进机翼的设计。这种阻力分解的方法也适用于数值模拟的处理。ONERA Modane – Avrieux 中心 S1MA 跨声速风洞中的尾流探测装置如图 8.18 所示。

图 8.18　空客半模型在 S1MA 风洞中的尾流测量(来源:ONERA)

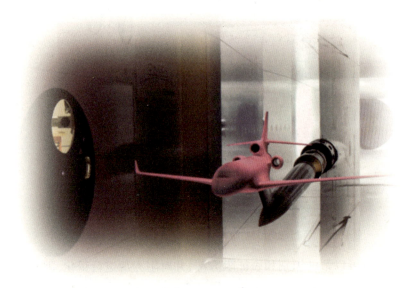

第 9 章
表面流动特性表征

9.1 流体对壁面的作用

作用于流体局部表面上的作用力主要是由压力和壁面摩擦引起的,而壁面摩擦会在表面与流体之间产生热传递。剪应力的方向还有其他重要的实际意义,在未直接进行气动力测量的情况下,压力和壁面剪应力或表面摩擦力对确定飞行器的升力和阻力十分重要。然而,气动力很少通过局部作用力积分来确定,因为这需要对整个表面的压力和摩擦力进行极密集的测量。飞行器上的压力分布对于确定局部结构荷载是必不可少的,同时也可以揭示局部流动结构,如压力峰值可以揭示分离区。但是,这在三维流动中并非如此,因为在三维流动中分离是一个更复杂的过程,不能单纯通过壁面压力分布来判断。

表面摩擦力特性不仅可以用于计算阻力,还可以用来检验理论模型。但是,这个参量确实很难精确预测,原因在于其计算既取决于数值方法的精度(摩擦力与速度导数成正比),也取决于物理模型的稳健性。此外,在二维平面或轴对称流动中,壁面剪应力的符号变化是预示分离的最好指标。

计算机程序代码预测分离位置的能力是衡量其计算精度的一个很好指标。在三维流动中,分离更加难以判断,因为除某些特殊的情况外,横向速度分量不等于零并会沿横向方向驱动分离线。

传热(或热通量)对飞行器高马赫数(大于3)飞行极其重要。在这种情况下,结构的某些部位在高超声速(特别是再入体)流动中受到较为剧烈的加热。此外,在导弹或航天运载器等底部区域的推进喷嘴中也存在高温流动。由于这涉及传热现象(如表面摩擦力),热通量是一个需要精确预测的参数,也是验证数值计算代码的一个很好的参考变量。同时,传热分布也可以揭示流动特性的变化,如边界层从层流状态向湍流状态的转捩现象。

除了模型表面的物理量,对模型变形的测量也会增加风洞试验的复杂度。事实上,巨大的气动载荷会使结构产生不可忽略的变形。例如,机翼在风洞试验中可以扭转1°,这是一个不可忽视的数值,并且会影响与CFD计算结果的比较,产生很大差异。为了数值模拟在气动载荷作用下模型的真实外形,必须测量表征模型变形。这种以前易被忽视的影响现在得到了系统性的评估。

9.2 壁面压力测量

9.2.1 压力扫描系统

模型表面压力测量通常由通过软管与一个或多个压力传感器相连的小孔或测压孔(直径为0.3~0.5mm)来实现。这项技术比较常规,可根据待测压力的大小、响应时间(非定常测量情况)、尺寸和成本选择各种各样的压力传感器。模型上有大量的测压孔,因此为了获得模型表面压力分布的详细信息,通常多个测压孔通过压力扫描装置与共用的传感器相连。压力传感器安装在机械驱动的扫描阀内,扫描阀的不同压力端口依次与压力传感器通信。图9.1是一个带4个扫描头(每个48个通道)的Scanivalve扫描阀。扫描阀通常包括一个校准阀,使传感器在试验前连接已知压力。这些扫描仪的主要缺点是其尺寸太大,通常无法安装在模型中,而且扫描速度相对较慢(每秒读取数很少)。

能明显提高扫描速率(每秒多达20000个读数)的电子扫描阀由一组传感器

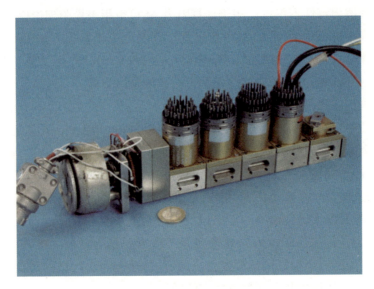

图9.1 48通道4头的Scanivalve™气动压力扫描阀

组成,每个传感器都有自己的压力端口通信。传感器通常是指通过半导体处理在单晶硅晶体中扩散的惠斯通电桥。将传感器的电压输出发送到多路复用器,并有选择性地进行数字化。电子扫描阀非常微型化,可以嵌入小尺寸模型中,并尽可能靠近测压孔,从而减少压力变化响应时间。电子扫描阀每个通道通常有20~50个传感器。图9.2是一个带参考和校准功能的16通道电子压力扫描阀。

图9.2 带参考和校准功能的16通道 Pressure Systems 电子压力扫描阀

目前，电子扫描阀已经取代了气动扫描仪。图9.3是一个64通道Scanivalve™电子扫描阀和用于测量风洞试验车辆模型表面压力的测压孔。这种测压孔安装在车辆上时，无须在车身和车窗上钻孔。

图9.3 64通道Scanivalve™电子扫描阀和安装在壁面上的测压孔

9.2.2 压力传感器类型

在风洞试验的早期，压力通常采用多管压力计测量，测量方法是记录液柱的高度。根据施加在导管或油箱另一端的参考压力进行测量，参考压力为大气压力或真空。根据压力范围的不同，油箱和导管充满水、酒精或汞。虽然这类压力计对监测实验进展非常有用，但很少用于定量测量。

传感器用于将传感材料上的压力转换为可以放大和数字化的电信号。压力传感器有三种类型（图9.4）：相对传感器（测量相对于参考压力的压力值）、压差传感器（测量压差）、绝对传感器（测量真空压力）。

压力传感器按照物理工作原理可分为多种。在无源传感器中，压力作用于薄膜上，通过检测物理过程产生变形来测量压力。在装有应变片的无源传感器中，压力引起的应力变化会使粘在薄膜上的应变片电阻发生变化（图9.5(a)）。这种电阻变化通常采用惠斯通电桥法（与8.2.1节所述的测力天平中使用的方法相同）进行测量。对于电容式传感器和可变磁阻传感器，间隙中薄膜的变形在电容式传感器中引起电容变化，在可变磁阻传感器中引起磁阻变化（图9.5(b)）。这些变化都可以通过适当的电子电路检测和测量。

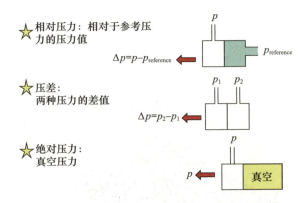

图 9.4　不同类型的压力传感器

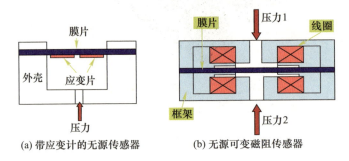

图 9.5　无源压力传感器

有源传感器则直接检测压力的作用。因此,对于带压阻元件的传感器而言,压阻测量仪器分布在硅薄膜中(图 9.6(a)),施加在膜片上的压力通过压电效应产生电位差,这种传感器也被用于空气动力天平(见 8.2.4 节)中。对于另一类压电传感器,压力则直接作用于压电敏感元件上(图 9.6(b))。图 9.7 和图 9.8 所示为包括微型传感器系列在内的压阻式传感器示例。

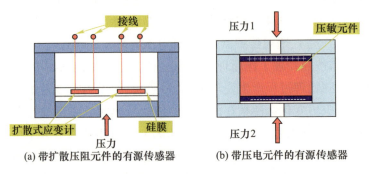

图 9.6　有源压力传感器

第9章 表面流动特性表征 | 177

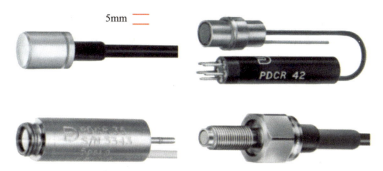

图9.7 在硅膜中扩散的半导体型压阻式传感器

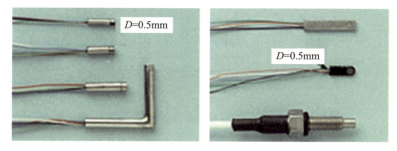

图9.8 微型压力传感器

9.2.3 灵敏度和响应时间

根据类型的不同,选用的传感器可以涵盖从几帕斯卡到几百巴(适用于薄膜传感器)的很广的压力范围。传感器的响应范围可以从零(稳态测量)到大约 10^5 Hz(图9.9)。

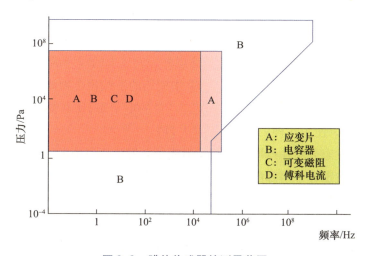

图9.9 膜片传感器的测量范围

A: 应变片
B: 电容器
C: 可变磁阻
D: 傅科电流

而有源压力传感器的测量范围可以从几帕斯卡扩展到几千巴；这些传感器的频率范围可以从零(稳态测量)扩展到将近 10^9 Hz(图 9.10)。

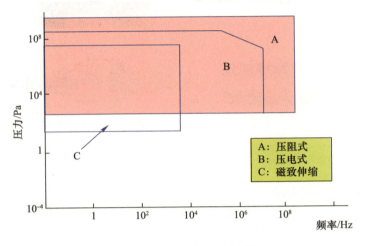

图 9.10　有源传感器的测量范围

9.3　压敏漆

9.3.1　PSP 的测量原理及组成

基于 PSP 的压力测量技术提出于 20 世纪 80 年代早期，这种非接触式技术被用于测量模型表面压力分布。该方法基于特定化合物在适当光源激发下的发光性能，PSP 涂层发射光的波长比激发光更长。同时，因为氧分子可使激发态分子失去活性，PSP 发射光强度取决于扩散到涂层内的氧气含量。对于固定氧分压的同一气体，涂层内部的氧浓度是涂层外表面压力的线性函数，因此可以通过检测涂层的发光强度来测量压力。PSP 中使用的活性化合物通常是有机发光分子。吸收激发光光子会使有机分子改变自身的电子态，使其受激发进入活跃能态。此时，可以使用几种失活技术(图 9.11)。

(1) 激发态分子在返回基态前发射光子会发生辐射失活。

(2) 激发态分子内部能量向热量转换的无辐射失活方法。

(3) 通过激发态分子与氧分子的碰撞诱导能量转移，使其不发射光子而回到基态：这种方式通常称为猝灭。

PSP 涂层的发射光强度取决于激发光的波长及其强度、有机分子的浓度、涂层厚度以及涂层表面温度和压力。更高的温度会提高无辐射率，导致发光强度

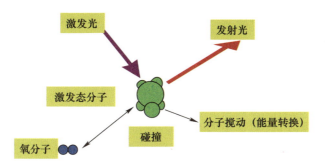

图 9.11　PSP 活性分子在激发光照射下的响应

降低。有机活性分子被嵌入控制涂层氧渗透速率的聚合物中,有机硅聚合物因其高渗透性经常被使用(图 9.12)。

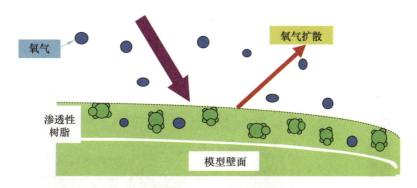

图 9.12　氧气在 PSP 涂层中的扩散

PSP 涂层还包括一个底层和一个黏结层,且必须光滑、均匀地黏附于模型表面(图 9.13)。

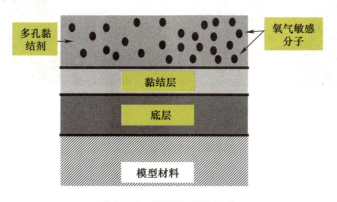

图 9.13　压敏涂层的组成

9.3.2 压力与发光强度的关系

压力 p 与发光强度 I 的关系由 Stern – Volmer 方程描述：

$$\frac{I_0}{I} = A + B \frac{P}{P_0} \tag{9-1}$$

式中：I_0 为参考压力 p_0（通常是无风状态）下的涂层发光强度。

有风状态与无风状态的光强比可以消除激发光强度不均匀性和涂层（浓度和厚度）不均匀性带来的影响。系数 A 和 B 是通过系列压力和温度下对涂料进行校准而计算获得的。这种校准可以在装有模型的风洞或者装有涂料样件的校准容器中完成。风洞中的现场校准可以在无风状态时不同压力条件下完成，或者利用测压孔测量的压力值进行。PSP 技术的一个难点在于涂层对压力和温度变化的同步响应，这可以通过使用低温度灵敏度的涂料或者根据表面温度测量结果进行温度效应修正来解决。图 9.14 所示为测量塞式发射器喷管中心体压力分布的实验装置布局。图中显示了用于传输激发光并照亮试验模型的光纤和采集涂层发射光的 CCD 相机。

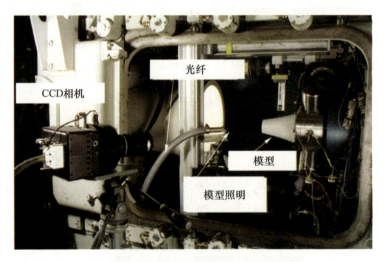

图 9.14 ONERA 默东中心 R2Ch 风洞试验段中 PSP 系统的安装

9.3.3 PSP 的主要应用领域

PSP 通常用于压力变化显著而温度变化不大的跨声速流动（图 9.15）。图 9.16 所示为 ONERA S2MA 风洞表面涂有 PSP 的公务机试验模型。

在超声速状态下，具有低温度敏感性活性分子（如 pyrene）的 PSP 涂料已被

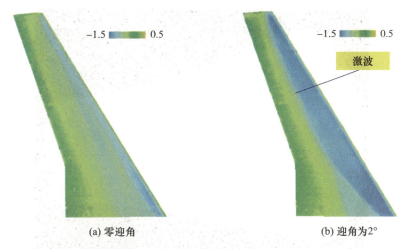

(a) 零迎角　　　　　　　　　　(b) 迎角为2°

图 9.15　跨声速流动中后掠机翼的压力分布测量结果(来源:ONERA)

图 9.16　ONERA Modane – Avrieux 中心 S2MA 风洞中用于 PSP 测量的公务机模型(来源:ONERA)

用于测量塞式喷管的压力测量。图 9.17 所示为喷管中心体 PSP 所测压力分布的伪彩色图像。从 PSP 结果中可以分辨出主喷管射流冲击中心体的轨迹以及用于推力矢量的横向射流轨迹(图 7.5)。

在低亚声速流动中压力变化很小(PSP 是压力绝对值变化的响应),PSP 需要达到其灵敏度极限。若在校准和后期处理步骤中采取了特殊的方法,则可以在低至 30m/s 的速度下进行 PSP 测量(图 9.18)。

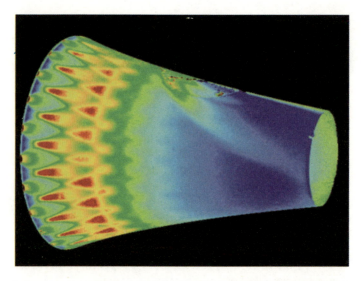

图 9.17 塞式喷管中心体压力分布的伪彩色图像(来源:ONERA)

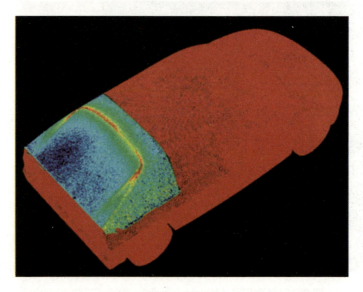

图 9.18 标致 206 汽车模型后部 PSP 测量的压力分布结果(来源:ONERA)

PSP 是对氧分压敏感,原则上不能在使用氮气的低温风洞中使用(见 4.3.4 节)。然而,DLR 已经开发出一种可在低温条件下使用的涂料,但需要在风洞回路中注入含量可精确控制的少量氧气。

9.3.4 PSP 领域的发展

目前,PSP 研究主要是针对非定常流动开发一种称为非定常压敏漆

(UPSP)(Unsteady PSP)的动态涂料。常规嵌入活性分子的多孔聚合物的响应时间约为1,为了有效提高非定常PSP测量的灵敏度,有必要弃用这种常规聚合物。目前有阳极氧化和添加多孔陶瓷两种解决方法。对于第一种方法,含铝模型件进行阳极氧化可形成沉积PSP感光分子的微通道。这种解决方法很有效,可实现高达几千赫兹的压力测量。其主要缺点是使用了铝嵌件,对模型有特殊要求。另一种解决方法是使用吸附PSP活性化合物的多孔陶瓷,由于其具有与传统涂料相似的结构而被更多地研究使用。这种涂料的响应时间约为1ms,这通常已经足够。其主要缺点是会产生难以维持层流的粗糙度。

9.4 表面摩擦力测量

9.4.1 浮动元件天平

表面摩擦力的精确测量十分具有挑战性,尤其是在高压力梯度区域。最直接的方法是使用一个浮动元件,该元件由一个与模型表面齐平但与模型分开的小嵌件组成(图9.19)。该元件连接到测力天平上,从而测量表面流动施加在元件上的力。上述方法并非基于任何边界层特性理论,是测定表面摩擦力最直接的手段。实际上,由于模型表面曲率的影响,浮动元件法很难在机翼或翼型模型上实现。此外,传感元件与模型表面的不完全平齐也是这种测量方式的重要误差来源,流动中压力梯度的影响也会造成一定的测量误差。使用平板模型的情况下,浮动元件法可用于标定其他表面摩擦力测量技术,其对于平板模型情况测量结果非常精确。

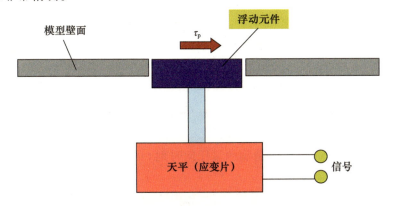

图9.19 表面剪应力的直接测量:插入表面的浮动元件

9.4.2 表面热膜仪

一种更为方便的方法是利用加热的薄铂膜或细铂线通过绝缘插片固定在模型表面形成的表面热膜仪。通过测量薄膜(线)的电阻,可以计算其在流动冷却或加热作用下的温度变化,该方法基于热流与表面摩擦力之间的雷诺比拟。经过校准的表面热膜仪已成功用于超声速和高超声速流动。其优点是敏感元件体积小,便于进行局部测量,且响应时间短,可用于高超声速暂冲式试验设备。原则上,按特定角度在模型表面上放置两个表面热膜仪,可以测定三维流动中的表面摩擦力,在这种情况中壁面上的剪切应力是一个两分量向量。

9.4.3 斯坦顿和普雷斯顿管

普雷斯顿管法包括贴合模型表面的空速管所测量的总压。在斯坦顿管技术中,检测部分有时由粘在模型表面的刀片组成,下面有一个静压端口(图9.20)。表面摩擦力是根据近壁区湍流边界层速度分布的普适对数定律,从测量的动压中推导出来的(9.4.6节)。这些设备通常均需要校准。

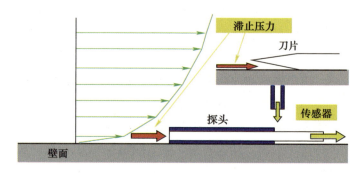

图9.20 普雷斯顿管表面摩擦力测量

9.4.4 油膜干涉测量法

如图9.21所示,油膜干涉测量法是根据沉积在模型表面的薄油膜的变形率,基于润滑理论推导出壁面剪切应力。如果油膜相对于它的长度来说很薄,其表面就会形成具有低侵入效应的油楔。

利用干涉测量技术可以精确测量任何时刻 t 的油膜厚度 y(图9.22)。油膜厚度计算如下:

$$y = \frac{\mu x}{\tau t} \tag{9-2}$$

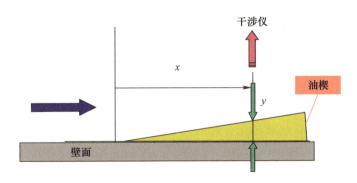

图9.21　用于表面摩擦力测量的油膜干涉测量原理

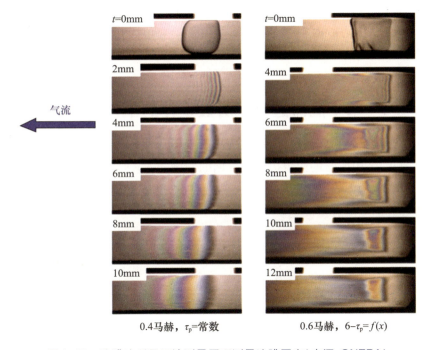

图9.22　油膜法利用干涉测量原理测量油膜厚度(来源:ONERA)

式中:μ 是油的动力黏度;τ 是表面摩擦力;x 是到油楔顶端的距离。这项技术的主要问题在于,油膜随着风洞的瞬态特性而发生相应的剪切,从风洞开车启动到达到试验速度,很难确定与特定速度测量值对应的初始时刻。这给油膜顶点的定位带来了挑战。

可以通过测量两个相邻点的油楔厚度来解决这些挑战,来确定有效"时间"和"初始"时间参数,从而确定表面摩擦力。如果壁面摩擦力矢量方向已知,该方法也可以使用到三维流动中。

9.4.5 液晶热成像法

表面摩擦力可以利用液晶热像法来测定。液晶油膜是一种光学活性有机化合物的组合，具有在温度、压力、剪切应力、磁场和电场等刺激下反射特定波长光线的特性。在风洞试验中，通过抑制其他激励的响应，只保留一个激励因素。因此，在特定情况下，有些液晶化合物只对剪应力（或传热测量中的温度）做出响应。实际操作中，模型由一层液晶薄膜覆盖，用白光源照亮，液晶薄膜在可见光范围内产生的反射图像由照相机记录。该方法的优点：灵敏度非常高、可逆性强且能够提供整个模型表面的信息。因此，液晶热成像法可用于通过颜色变化显示层流到湍流边界层的转捩。通过测定剪应力作用下的颜色变化，原则上可以对表面摩擦力进行定量测量。通过数字图像处理进行的图像分析可以确定反射光的波长 λ。然后，将壁面剪应力 τ 作为 λ 的函数进行校准，得到模型表面当地的摩擦力值。

9.4.6 基于湍流边界层对数定律的平差

在雷诺数足够高的情况下，湍流边界层处于一种平衡状态，其特征是速度分布满足图 9.23 中所示的湍流边界层壁面的明确定律。从壁面开始，黏性底层中的流动以黏性为主导，然后是过渡层，普适对数区则以流动的惯性力约束，最后由外边界处的尾流分量决定。

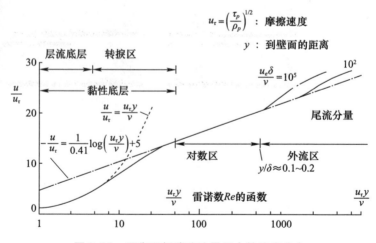

图 9.23　平衡平板湍流边界层中的速度分布

对数区的速度分布遵循关系式：

$$\frac{u}{u_\tau} = \frac{1}{0.41}\log\frac{u_\tau y}{v} + 5 \qquad (9-3)$$

式中：$u_\tau = \sqrt{\frac{\tau_p}{\rho_p}}$ 为摩擦速度；τ_p 为壁面的剪应力；ρ_p 为壁面附近的密度；y 为垂直于壁面的距离；v 为运动黏度。

这种测定表面摩擦力的方法是基于解析靠近壁面的边界层剖面，然后通过估算表面摩擦系数 μ_τ（试错法），重新绘制上述关系式：

$$C_f = \frac{2\tau_p}{\rho_e V_e^2} \qquad (9-4)$$

式中：ρ_e 和 V_e 分别为边界层边缘的密度和速度。当测量结果与普适对数定律一致时，就可以得到正确的值。若边界层满足既定的平衡条件，则该方法可靠、准确。但如果边界层受到压力梯度的影响或雷诺数较低时，情况并非如此。这种方法也称为 Clauser Chart 法。

还可以将测得的边界层剖面拟合到其他可用的理论定律（如科尔斯定律），从而基于边界层测量结果中获得表面摩擦力。该方法包括对预估的剪应力值进行迭代，直到理论剖面和实测剖面整体达到最佳一致。若速度分布的点对点调整过于精细复杂，则可以基于形状参数进行调整。如果测量探头无法足够接近壁面以获得边界层剖面的对数律部分，那么更应采用第二种方法，同时，该方法还适用于受压力梯度影响的边界层。

9.5 壁面传热测量

9.5.1 量热技术

流动与模型之间的对流传热通常采用量热技术测量模型表面或嵌入模型表面的传感元件（传感器）的局部温度变化速率来测定。通过模型壁面（或传感器）的热传导方程的逆解给出流动传递到模型表面的热量（单位时间和单位面积的能量）。实际应用中，通常采用考虑极端情况而得到简单解析解，从而获得热方程的简化形式。若热流可以假设为一维流动，且壁面为半无限厚（即厚壁法），则热方程可简化为

$$q(t) = \sqrt{\frac{\rho_m c_m \lambda}{\pi}} \int_0^t \frac{\frac{d\Delta T(\tau)}{d\tau}}{\sqrt{t-\tau}} d\tau \qquad (9-5)$$

式中:$q(t)$ 为传热速率(能量/时间单位/单位面积);ρ_m 为壁面材料的密度;c_m 为比热;λ 为热导率。若假设热流在整个测量过程中保持恒定,则可以进一步简化热传导方程:

$$q(t) = \sqrt{\frac{\pi \rho_m c_m \lambda}{2}} \frac{\Delta T(t)}{\sqrt{t}} \qquad (9-6)$$

若壁面可以视为无限薄(即薄壁法),则热通量给出公式为

$$q(t) = \rho_m c_m e \frac{\mathrm{d}\Delta T(t)}{\mathrm{d}t} \qquad (9-7)$$

式中:e 为壁厚。模型壁面只能有零点几毫米的厚度,限制了该方法在形状复杂模型中的应用。

考虑到壁面材料的特性,热通量可以根据壁面温度的时域变化由式(9-5)、式(9-6)或式(9-7)计算获得。上述方法要求快速建立流动,以便几乎瞬间施加热通量。这种条件要么是通过快速启动(暂冲式)风洞获得,要么是在目标流场状态建立后再将模型快速放入流动中。

上述公式所依据的简化假设不一定能够全部满足:模型壁面明显的局部曲率、传热的瞬态特性、热流多向传导(横向传导)以及模型壁面材料特性可能随温度和壁厚的变化而变化。在这些情况下,必须添加修正项,并采用更加严密的处理方法,包括用数值方法求解热方程。

测量壁面温度最常用的方法是利用嵌入模型表面的热电偶(图9.24(a)),也可以使用表面膜片(铂膜),这与测定表面摩擦力的薄电阻膜类似(图9.24(b))。铂膜通常固定在绝热嵌入件上,从而尽量减少横向热传导损失(图9.25)。

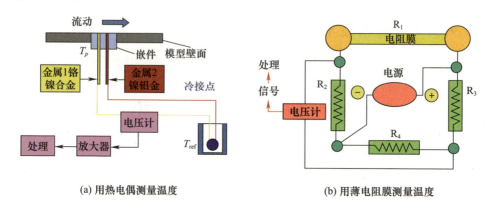

(a) 用热电偶测量温度　　(b) 用薄电阻膜测量温度

图 9.24　用量热技术测定传热

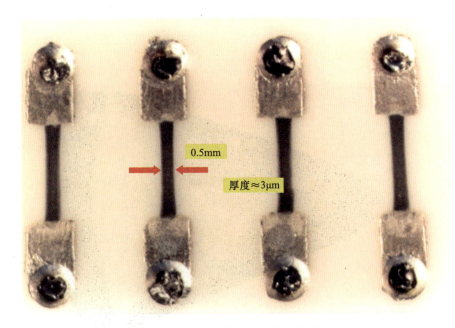

图 9.25 测量表面温度的铂膜

若流动和模型处于热平衡状态,则上述方法无效。这种情况在跨声速和/或超声速连续风洞中经常发生。由流动引起的对流传热是从维持恒定表面温度所需的能量中推导而出的。因此,必须在热膜附近的模型壁面中插入一个热源(电阻器)来修正量热法。

传统的量热技术已经达到很高的精密程度,即使在极端的条件下也能够可靠地使用。这种方法的主要缺点是只能当地局部测量,而较高的空间分辨率需要安装大量的仪器或热电偶来确定复杂外形表面的热通量分布(某些高超声速模型可以安装几百个)。

TSP 或红外热成像法(IR)等方法则不存在上述缺点,它们能够获取模型表面更高分辨率的热通量分布,在不需要模型表面加热的情况下,几乎不存在任何干扰效应。因为红外相机的快速发展,红外热成像法得到了显著的进步,目前可以达到的精度已经超过了上文中提到的局部传感器。量热传感器仅用于光学方法无法测量的区域,因此红外热成像法正成为一种标准方法。

9.5.2 热敏涂料

在热敏涂料中,由绝热材料加工而成的模型表面涂上一层涂料,在明确规定的温度范围内,涂料的颜色会发生变化。具体而言,随着温度的升高,其颜色从绿色变成蓝色、黄色、棕色和黑色(图9.26)。热通量是通过记录试验过程中涂料颜色的变化来确定的。对实时记录的试验结果逐帧分析,通过区分颜色变化来确定模型表面的温度变化过程。

图9.26 高超声速飞行器受热下表面热敏涂料试验图像

运用合适的传热关系式,可以基于热敏涂料的颜色变化确定当地热通量,还可以通过比较已知传热分布的球体模型上的热敏涂料颜色变化进行涂料校准。热敏涂料测量方法可以通过一次试验得到复杂模型上的传热分布,无须使用昂贵的试验设备。热敏涂料的主要缺点是其不可逆性,这限制了它在模型上的重复使用。

与具有一定温度敏感性的 PSP 同时期开发的 TSP 测量方法越来越受到人们的关注(9.3 节)。在同一涂层中同时使用对温度基本不敏感的压敏组分(提供压力信息)和对温度更敏感的温敏组分,从而得到温度分布。TSP 与 PSP 的处理方法相同且过程可逆。与红外热成像法相比,这两种方法的优点是可以使用常规相机和光学元件,灵活性更大。但红外热成像法的精度高、能处理的温度范围广,所以仍然相当先进,而 TSP 工程中测量的温度上限在 100℃ 左右。

前文中提到,液晶也可以通过改变颜色对温度做出响应,因此也可以通过温敏液晶记录模型的温度变化过程来确定热通量。这种方法克服了传统热敏涂料的不可逆性。但是,这种方法更为复杂。

9.5.3 红外热成像法

所有物体都释放辐射,其强度是温度 T 的函数。需要注意的是,必须区分整个光谱段总辐射强度与特定波长 λ 的辐射强度。黑体的辐射能量或辐射通量由普朗克定律给出。根据普朗克定律,黑体单位面积沿某一特定方向 OX 上单位时间的辐射能量(辐射功率)为

$$L_\lambda^0 = \frac{2hc^2\lambda^{-5}}{\exp\left(\dfrac{hc}{k\lambda T}\right) - 1} \qquad (9-8)$$

式中:h 为普朗克常数;k 为波耳兹曼常数;c 为光速。真实物体的辐射特性取决于其辐射率。辐射率是指物体发出的光强度与黑体在相同温度下发出的光强度之比。

在红外热成像法中,采用红外相机观察模型,该相机包含一个对特定波长红外辐射敏感的探测元件(最常用的波段为 $3\sim5\mu m$)。相机接收的信号与辐射通量成正比,因此必须将该信号转换为温度信息,以便建立模型的表面温度分布图谱。其方法是通过观测温度和辐射率已知的黑体,对红外测试系统进行校准。此外,还可以选择一些测点,在模型测点处布置热电偶,通过测点处的温度信息来完成校准。对于红外热成像测量,风洞试验段必须配备允许红外辐射的光学视窗,如 $8\sim12\mu m$ 波段的锗、$3\sim5\mu m$ 波段的硅或硫化锌。这是红外热成像法的一个严重制约因素。

图 9.27 所示为超声速风洞试验段外侧安装的红外相机。在获得的模型表面热图中,不同的温度可用灰色或伪彩色标度表示。热成像法的这种定性特征对于探测层流到湍流转捩现象非常有用(见下文和 9.1.7 节)。通过处理一定时间间隔内拍摄的系列图像,建立模型表面温度随时间变化的曲线,并从热方程中推导出模型表面的热通量分布。图 9.28 通过伪彩色图像显示了马赫数 5 流场中半球模型表面的热通量分布,最热的区域用"冷"色调表示,反之亦然。

红外热成像法可以给出模型表面完整的热通量分布图像,因此十分有效。此外,红外热成像敏感性高且过程可逆,每次试验之间不需要更改或修改模型。然而,如前文所述,该方法需要安装允许红外辐射的光学视窗(除非相机可以安装在试验段内侧)。这是一个重要的限制条件,会使光学元件的选择变得更为有限。另外一个小缺点是较小的传感器尺寸:640×512 像素,这与可见光范围采集设备的像素相比是很小的。尽管存在上述局限,但红外热成像法由于其通用性以及提供复杂模型表面热通量分布的能力,被越来越广泛地应用于传热测量。

温度分辨率可达几分之一度的红外技术已被广泛用于探测模型表面层流到

图 9.27　ONERA S8Ch 风洞中用于研究转捩现象的 FLIR™ 红外相机。
注意红外视窗(来源:ONERA)

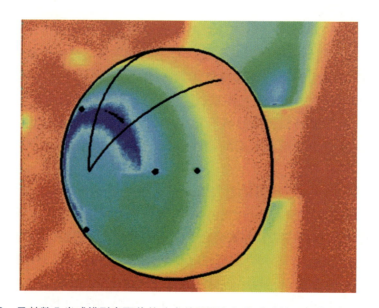

图 9.28　马赫数 5 半球模型表面传热分布的伪彩色红外试验结果图像(来源:ONERA)

湍流的转捩,是层流研究领域的一个重要手段。图 9.29 所示为马赫数 1.6 平板模型表面层流到湍流的 TSP 转捩测量试验装置,其中红外热成像法和 TSP 被并行使用。图 9.30 比较了 IR 和 TSP 图像,流动方向为从左向右。红外热成像法还被用于飞行试验中的转捩研究(1.7.1 节)。

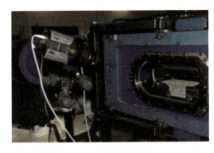
(a) 采集装置

(b) 激发装置

图 9.29　马赫数 1.6 平板模型层流到湍流的 TSP 转捩测量试验装置(来源:ONERA)

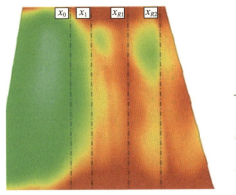
(a) 红外热成像法

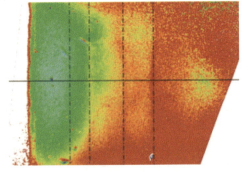
(b) TSP

图 9.30　马赫数 1.6 平板模型层流到湍流的转捩测量。层流区呈绿色(来源:ONERA)

9.6　模型变形测量

大型风洞试验的目的之一是验证 CFD 数值模拟先验计算的结果。风洞试验结果与 CFD 计算结果之间的差异存在多种原因,包括模型支撑干扰以及洞壁干扰产生的影响(见 2.5 节)。另一个重要原因是模型在气动力(特别是机翼)的作用下发生的变形。当气动载荷很大时,机翼的扭转可以达到 1°,这是不可忽视的。由于与风洞试验中变形几何外形的差异,从而导致数值模拟结果与风洞试验结果存在较大偏差。

空气动力载荷作用下模型实际变形外形的测量方法(MDM,即模型变形测量)是基于立体成像的。如图 9.31(a)所示,其原理是使用两个聚焦在机翼模型的相机。

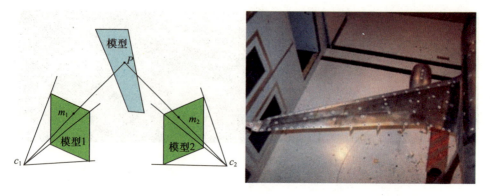

(a) 双相机立体成像　　　　　　(b) 显示标记点的视图

图 9.31　气动载荷作用下 MDM 装置(来源:ONERA)

机翼上粘贴厚度可忽略不计的固定标记点,标记点由中间为黑色圆盘的白色"贴纸"组成(图 9.31(b))。通过立体视觉捕获两幅图像,可以计算标记点在空间中的位置,从而测量模型在试验过程中的变形情况。为了校正光学误差和相机相对于模型的位置,相机必须使用已知图案的靶板进行标定。

还有一种适用于某些特定风洞的模型"加固"技术,这项技术包括在马赫数相同、来流总力不同的条件下连续进行两次试验。相应的气动力测量结果可以线性地外推到理论上模型不会发生变形的零总压状态。

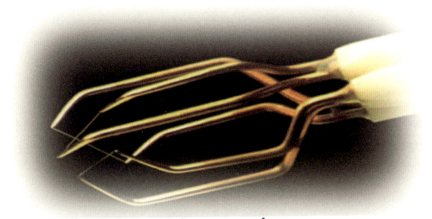

第 10 章
侵入式测量技术

10.1 固体探测器:优点和局限性

即使在今天,流动仍可以通过皮托管、热电偶以及热线等固体探测器进行诊断,其在捕获平均流动和深入研究流动相干结构方面起到了至关重要的作用。尽管有更精密的测量技术,但在许多情况下,凭借其准确性、可靠性、低成本和简单性,它们的使用更为合理。侵入式测量设备主要缺点是具有一定的侵入效应,导致在测量由分离流形成的剪切层时结果的精确性存疑,在跨声速流动中使用也更为敏感。另外,为了避免测量探头的振动,所需的支柱或支架的体积往往较大,这会引起固体阻塞,从而影响所测的压力分布。此外,在流动的空间特性表征过程中,通常需要复杂且昂贵的移测系统,而且支撑的位移移动可能会再次损害局部和整体压力梯度。在测量低压涡轮和高超声速流动的过程中,探测器需要承受非常高的温度,但不能因热膨胀解体或变形。工作极限通常在 1200K 左右,超过该温度就需要更耐高温的材料或冷却系统,这增加了实验成本和技术的复杂性。在小型试验设施中,需要对缩比的微型模型进行测试,探测器的变形和振动会给其定位带来很大的不确定性,从而严重影响最终结果。

10.2 压力探头

10.2.1 用皮托管测量滞止压力或总压

流动的滞止压力或总压可用皮托管测量。如图 10.1 所示,皮托管基本上是一个迎向来流的开口或孔口的导管(皮下注射管)。利用通过管道与皮托管相连的传感器记录压力。

(a) 简易皮托管　　　　　　　　(b) 扁平皮托管

图 10.1　皮托管实例

等熵条件下,流动在皮托管头部尖端处减速为零,所测压力对应于流体动能的损失。该压力不同于绝对压力,绝对压力是表压与大气压力之和。当流体处于静止状态时,无穷远处的总压等于大气压力(有时参照传统液体式压力计称为储层压力)。在亚声速条件下,滞止压力为相对于真空测量的表压,对于无黏流和附着流也均如此。但在超声速流动中,皮托管所测压力为探头前方产生的激波下游的总压,使用等熵关系式可以计算当地马赫数。

图 10.1(b)中,为了测量更靠近模型表面的压力,探头的前部可以压平。扁平皮托管对测量边界层内的速度剖面至关重要,因为湍流状态下速度剖面很薄,这有助于精确解析边界层普适对数区。通常,扁平皮托管可以轻松实现 0.2mm 的近壁测量(图 10.2),可以用于测量射流的薄剪切层,也可用于捕获两个不同

性质的混流层。

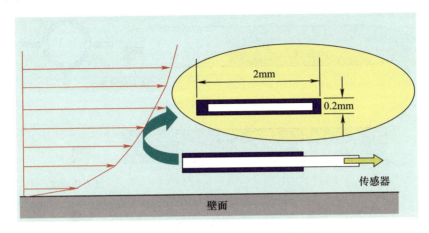

图 10.2　测量边界层的扁平空速管探头

10.2.2　皮托静压管或普朗特管

静压是表征流体局部固有特性的重要参数,流动静压的测量是很重要的。除非使用第 12 章所述的方法,静压很难直接确定。使用固体探测器测量静压的唯一方法是垂直探头表面开设压力端口。常用的静压探头有两种:

(1) 传统经典静压探头。该探头通常由一个椭圆头部或尖锥形头部及其延伸圆柱管组成,分别用于亚声速和超声速测量。压力测量端口位于表面均匀的区域,且距离探头头部足够远(下游约 10 倍直径处),以确保压力测量端口处静压与头部上游相等。更多细节如图 10.3(a) 所示,图中静压探头包含 4 个端口,以减少迎角和偏航的影响。

(2) 楔形静压探头是在圆柱形支撑杆顶端加工两个小角度平面(图 10.3(b))。在楔形静压探头尖端下游足够远的平面上钻压力端口,同时在圆柱支撑杆中心加工长孔连接静压孔。已有经验表明,压力端口处的静压与楔形静压探头尖端处基本相等。

这两种类型的静压探头对于测量逐渐演变的流动都非常精确、可靠。但在快速变化的流动中,椭圆头部探头的静压测量变得有问题,因为探头顶端的压力可能与压力端口位置明显不同。在这种情况下,图 10.4 所示的楔形静压探头表现更好。

根据伯努利原理,不可压缩流体的速度可由皮托管所测总压或滞止压力与皮托静压管所测的静压之差来确定,由此产生的压力称为动压。这在测量风洞

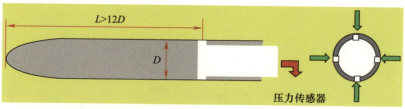

(a) 椭圆头部的静压探头

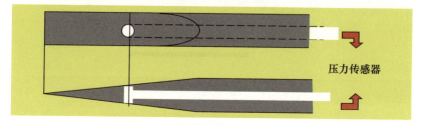

(b) 楔形静压探头

图 10.3 两种静压探头的示意图

图 10.4 楔形静压探头实例（来源：ONERA）

试验段来流速度中很常见。另外，图 10.5 所示的皮托静压管或普朗特管可用于同时测量同一探头位置处的总压和静压。

图 10.5 椭圆头部皮托静压管或普朗特管示意图

超声速流动中，皮托管测量探头顶端前方形成的弓形激波下游的总压。基于该压力值，可根据正激波理论推导出当地马赫数。当地马赫数也可用皮托静压测量，此时，等熵理论用于可压缩流动。

10.2.3　求解速度矢量方向的多孔探针

压力探头还被用于解析三维流动中的速度矢量。多孔探针最基本的布局是图 10.6 所示的三孔探针。中间孔类似于皮托管，围绕中间探头对称放置，在探头顶端以一定的角度加工的两侧探头用于求解流动的方向。同样，多孔探针可以压扁，以减小其厚度，也可以加以弯曲，使其放置在模型表面。这种多孔探针常用于在与模型表面平行的平面内移测边界层内的两个速度分量。

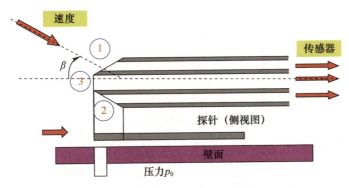

(a) 三孔探针测量装置示意图

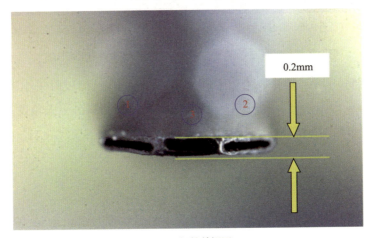

(b) 探针前视图

图 10.6　用于边界层测量的扁平三孔探针

三孔探针可达到的最小厚度约为 0.2mm，宽度约为 1.5mm。探针的顶端必须对齐，以确保其处于平行于模型表面的平面内。流动速度的大小由中心皮托管所测的总压和与表面齐平的当地静压测压孔所测静压推导而出；速度方向由两侧倾斜探头之间的测值差异求解。最准确的做法是在三孔探针轴线与速度方向对齐的偏航位置旋转探头，直到两侧倾斜探头之间的压差为零或非常小。

三孔探头仅限于测量同一平面上相对于探针轴线偏航角小于 40°的两个速度分量。若垂直于平面的第三个速度分量不可忽略，则需要使用图 10.7(a)所示的五孔探针来解析第三个速度分量。该探针有一个圆锥形顶端，配有 4 个独立的侧孔和一个恰好处于头部的中心孔。锥形探头安装在一个延伸的圆管上，每个压力测量端口通过各自延伸的小管与压力传感器相连。探针的直径通常可以小至 1.5mm。速度分量通过相应端口之间的压差来确定，流动方向则基于探针轴线相对于风洞或飞行轴系的对准情况。多孔探针测值的大小和方向都应进行校准，但本书不作详细讨论。

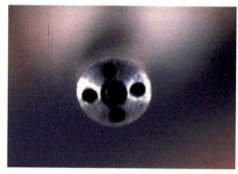

(a) 直径为1.5mm的五孔探针   (b) 直径为1.5mm的七孔探针

图 10.7　测量三个速度分量的多孔探针(来源：ONERA)

这种探针可用于低亚声速和中等超声速流动测量，但仅限于小于 40°的流动方向。为了消除速度分量方向上的限制，将其应用拓展到更大角度，需引入超过 5 个孔多孔探针。例如，图 10.7(b)所示的七孔探针。

10.3　温度探头

流动的滞止温度通常采用由热电偶组成的温度探头进行测量，热电偶的接头形式一般根据待测量的温度范围选择。最常见的是 K 型(铬镍－铝镍)热电偶。如图 10.8(a)所示，K 型热电偶最初只需将裸露的传感元件放置在流动中即可使用。这些探头的尺寸相当小，同时具有可靠测量所需的频率响应。然而，频率响应是马赫数的函数，因此在可压缩流动中需要进行校准。如图 10.8(b)所示，频率响应的改善方法是将热电偶接头封装在流线型头部的圆管中；由于下游安有侧呼吸孔，导管内的空气可以以较低的速度循环。这种通风探头的性能优于裸探头，但尺寸往往更大。

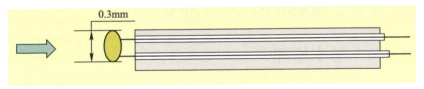

(a) 迎风安装的单焊探头

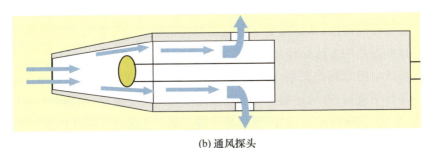

(b) 通风探头

图 10.8 滞止温度探头

热电偶接头的形状和尺寸直接影响其频率响应。为了获得更快的响应时间，需要缩小接头尺寸。但这对暂冲式风洞的测量可能是一个问题，在这种情况下，传感元件可能因与流动的热对流、与支撑耙的热传导以及自身辐射而遭受损失。这种影响随着在流动中的位置变化而变化，一般在校准曲线中不予考虑。图 10.9 所示为可以同时测量总压、总温和静压的探头。

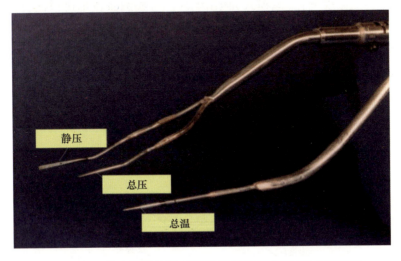

图 10.9 可同步测量总压、总温和静压的探头（来源：ONERA）

10.4 热线和热膜风速仪

10.4.1 基本原理

热线风速仪是测量气流流速的一种经典且成熟的技术。其工作原理是以电流加热的微米量级导线或薄膜与流经的气流之间的传热为基础。气流的冷却作用改变了导线的温度,从而改变其电阻或保持电阻和温度恒定所需的电能。精确测量这些参数的方法是将热线置于惠斯通电桥装置中。经过校准,可以得到电压与导线电阻之间的关系,或者电压与流速之间的关系。校准必须在与实验相似的条件下进行,有时还需进行现场校准。针对特定流动,电路中的反馈回路应调整到最佳的频率响应,同时保持尽可能低的电子噪声。可使用后置滤波,从而仅允许与流动最相关的特定频带通过。热膜传感器由绝缘衬底(通常是石英)上沉积的一层薄薄的铂或镍膜制成。它们比通常由 2.5μm 或 5μm 钨丝组成的热线更坚硬,主要用于测量液体流动或高污染流动。需要注意的是,它们的响应时间比热线低很多。

热线对流动的流速、密度和总温非常敏感。在马赫数小于 0.3 的不可压缩流中,密度是恒定的,因此可利用热线直接测量速度。在密度变化的可压缩流动中,结果更难解释。本章需要区分热线是否对流速变化(涡量模式)、压力变化(声学模式)或温度变化(熵模式)做出响应。有些测量技术可以区分这三种模式的影响,这通常涉及改变导线的温度。实际上,热线主要用于测量亚声速时的速度波动和湍流度。目前,热线风速仪的应用范围已拓展到跨声速和超声速流动,但校准和数据分析的成本与复杂性相对较高。

如图 10.10 所示,热线仅由焊接到两个支撑杆顶端的非常细的导线制成。

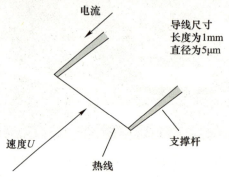

图 10.10 测量法向速度分量的单线探头

传感器导线的直径一般为 5μm，长度为 1mm。在某些情况下，为了获得更好的空间分辨率，需要使用一个较短的探头，而且为了使长径比（重要参数）足够大，直径通常可以减小到 2.5μm。这种尺寸的导线也通常用于高速流动。热线的最大优点是其高频响应，非常适合测量频率为几十万赫兹量级的高频非定常流动。

10.4.2 热线风速仪的模式

根据测量类型和偏好，可采用三种不同的模式：

（1）在恒流型风速仪（CCA）模式下，通过导线的电流保持恒定，测量因电流冷却造成电阻变化而引起的电压变化。

（2）在恒温风速仪（CTA）模式下，导线的电阻保持恒定，并通过反馈回路调节惠斯顿电桥上的电流。

（3）在恒压风速仪（CVA）模式（不常见）下，通过导线的电压保持恒定，测量回路中电流和电阻的变化。

根据热线信号可以测定流动的平均值和波动分量。通过信号的进一步模拟和/或数字处理，可以估算出均方根（RMS）值、偏度和峰度等统计量，并通过进一步分析推导流动的空域和时域上的相关性。热线的频率响应快、信噪比高，因此最适合用于频谱测量，可以分析相应的流动机理，更重要的是可以解析湍流能量级串。

10.4.3 热线探头的类型

图 10.11 所示为热线风速仪应用中不同类型的探头。

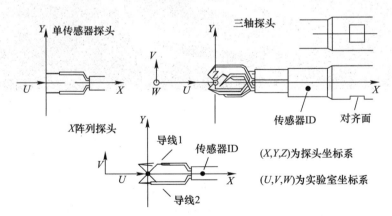

图 10.11　热线风速仪使用的探头类型（来源：DANTEC）

为了测量多个速度分量,需要两根或两根以上的导线。最常见的是图 10.11 底部和 10.12 所示的双线 X 型探头,它可以分别测量纵横向平均速度分量 U 和 V。RMS 值可用于测量法向雷诺应力,通过一些关联式,可求解雷诺剪切应力。

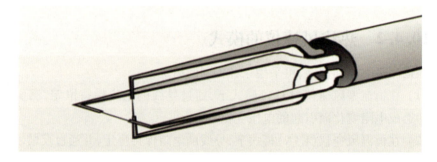

图 10.12 测量两个速度分量的双线 X 型探头(来源:DANTEC)

为了测量速度的三个分量,可以使用图 10.13 所示的三线 X 型探头。这种探头可以提供包括所有雷诺应力在内的完整速度矢量。另一种方法是使用一个偏航或倾斜探头,并将其相应地旋转;然而,由于流动中的时间变化,雷诺应力的求解精度是值得怀疑的。

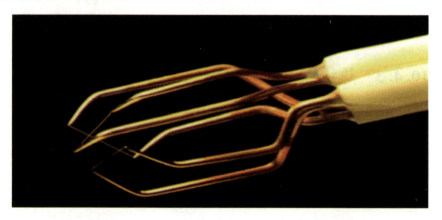

图 10.13 用于三维流动测量的三线 X 型探头(来源:DANTEC)

10.4.4 应用

热线探头主要用于测量低速时的速度波动,以研究层流、转捩或湍流。虽然目前其使用范围已扩大到超声速和高超声速流动,但是流动的压缩性影响会引入非常复杂的信号分析。然而,这种复杂的信号分析有助于区分导线响应的各种其他模式(涡量、声学和熵模式)。在高速流动中,通常需要在测量前后将探头收回、伸进流动,以避免振动引起的寄生效应。当马赫数大于1.2时,导线引起的弓形激波的尺度接近分子的平均自由程,因此连续介质假设依然适用。然而,跨声速流动的处理更为复杂,因此校准过程需要更加细致。

在分离流中,热线因对方向不敏感很难分辨循环分量。在这种情况下,可采用一种称为飞线的技术,但移测机构的复杂性明显增加,而且支撑杆和探头支架在回流区的影响有待评估。由于上述原因,光学技术被看成一种有望替代传统热线的测试手段。但是,光学技术在频率响应上仍然无法与热线相比,而频率响应对于转捩和湍流测量十分重要。热线探头的尺寸很小,很容易频繁损坏,但其操作相对简单且成本低廉。如图10.14所示,对于一些待测流动类型,流动空间演化测量存在相移或滞后的问题,这些问题可以通过热线耙或者在网格上使用多个探头来解决。

图10.14　WALLTURB设备中边界层测量中由143个热线探头组成的测量耙
(来源:PPRIME研究所)

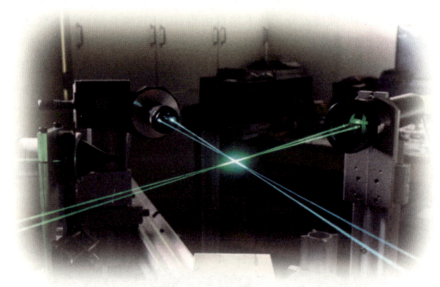

第 11 章
非侵入式测量技术

11.1 非侵入式技术的基本原理

　　非侵入式测量技术以光学技术为基础,具有巨大的优势,但所有的测量技术都有其局限性和不足。除了有分析和处理数据的难题,它们的主要物理限制仅基于实验兴趣区域的视觉访问以及引导光源/激光源获得足够照明的能力。这主要取决于实验设备,有时工作试验段必须重新设计,并配备尺寸足够大且安有高光学性能玻璃或有机玻璃的窗口,这是对经典干涉测量技术十分严格的要求。在使用不可见光(如红外线)的应用中,窗口必须由石英和硒化锌等特殊材料制成(在9.5.3节中重新讨论)。解决这个问题的方法是将仪器放置在工作段内(如有可能),或者在开式空气环境中进行实验。

一些光学技术所需的透镜焦距可能限制其用于配有较大工作段的设施。此外，在高速试验设施中，机械振动和高强度声音可能会损坏非常昂贵的易碎光学元件。在光学诊断过程中（即使听起来无关紧要），一个高性能的光学窗口对于补偿因窗口壁面边界层的发展和流动中的晶种示踪粒子干扰而造成的照明损失是至关重要的，但最重要的还是减小窗口本身产生的光学像差。

非侵入式研究方法可分为三类：

（1）基于流体光学特性变化的技术，如流体密度或温度引起的折射率变化，见11.2节。

（2）基于示踪粒子（无论是流体中自然存在的粒子，还是人工晶种的粒子）的技术。这些技术通常假设粒子以相同的流速跟随运动。在11.3节和11.4节中将详细介绍这些技术。

（3）基于照明光源与流体或模型表面材料之间分子相互作用物理过程的光谱技术；这将在第12章中介绍。

11.2　干涉测量法

11.2.1　光干涉和折射率

上文列出的第一类技术是基于在流速快速变化的特定流动区域中，因折射率的变化引起的光程偏差。在气体或空气中（正如大多数空气动力学应用中），折射率 n 和密度 ρ 由格拉德斯通-戴尔关系式表示，即

$$n = B\rho + A \tag{11-1}$$

式中：A 和 B 均为常数。因此，可通过一种能够感知密度变化的技术来检测流动的光学特性变化，反之亦然。基于这种关系，可以显示和捕获存在密度变化的区域，如存在激波或膨胀波、混流区和边界层的区域。这项技术是对7.5节中提出的可视化技术的延伸。

干涉测量法曾用于可压缩流动显示（可捕获壮观的密度场图像，见7.5.3节），并提供研究跨声速和超声速流动非常有用的定量信息。干涉测量法的基本原理是在灵敏的屏幕上或直接在CCD传感器上捕获从同一单色相干光源发出的两个波的干涉情况：

（1）经工作段穿过相关流动的波。

（2）经工作段外侧穿过未扰动流的波。

这两种波在光学传感器上相互作用，产生干涉条纹图案，该图案是沿光程长

度 nl（即折射率 n 和光束几何长度 l 的乘积）的等相位线。如果流动均匀,只要干涉测量系统设置得当,光学传感器将被与恒定相位对应的白色条纹覆盖。但流动一旦变得不均匀,则密度的变化会引起折射率的变化,从而引起光程偏差和光波相移。偏移和未偏移的光束相互作用,增加或减少彼此的能量,从而产生干涉条纹图案或流动的干涉图。

就二维平面流动而言,在宽度为 b 的工作段中,流动在各点引起的光程长度变化如下：

$$\Delta L = b\Delta n \tag{11-2}$$

通过选择一个参考条纹,流场中 R 和 M 两点之间的光程变化可表示为条纹间距的函数：

$$\Delta L = \lambda(N_M - N_R) = b(n_M - n_R) \tag{11-3}$$

式中：λ 为光源的波长；N_R 和 N_M 分别是 R 点与 M 点之间的条纹数。若为二维流动,则密度 ρ 不会沿展向方向变化。假设 $b = l$,条纹内 N_M 点的 ρ 值用关系式表示为

$$\rho_M = \rho_R + \frac{\lambda}{bB}(N_M - N_R) \tag{11-4}$$

式中：ρ_R 是对应于参考条纹 N_R 的 ρ 值。该值是按照穿过均匀流区域的条纹确定的,该区域可以测量温度和压力。

实际上,每个黑色或白色条纹都是由光强度从最大值变为最小值的中线或灰度强度的两个极值确定的（理论上,应该可以将主条纹分成多个条纹部分,但这不是很准确）。干涉图的主要问题是确定每个条纹的中心,但现在使用更先进的图像处理程序可以更加准确地解决这个问题。一旦确定好每个条纹的中心,就可以在实验域内确定二维平面上的密度场 $\rho(x,y)$。

在显示屏被均匀照亮的均匀流中,这种模式称为无限条纹干涉图,如图 11.1(a) 所示。在这种装置中,若流动是等熵的,则条纹（或者更准确地说,条纹的中心）可确定为等密度线、等马赫数线或等压线。若密度的变化不大,则条纹的数量和强度很低,这就会降低准确度,如在跨声速流动中, ρ 值变化约 10%。为了增加条纹的数量,可采用图 11.1(b) 所示的楔形条纹干涉测量模式。

无限条纹模式中的两个光波是平行的,与之不同的是,当被反射镜倾斜的光波通过流动时,会引起光程长度出现线性变化。在无流动的情况下,黑白条纹相互平行。流动的发展引起密度的变化,使条纹图发生扭曲。另一个传感光学元件也捕获到这种情况,并与有限条纹模式下获得的图案进行比较,以用于密度计算和进一步分析。

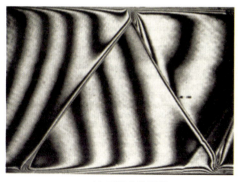 

(a) 无限条纹图像　　　　　　　　　(b) 楔形条纹图像

图 11.1　反射激波引起的干涉图（来源：ONERA）

轴对称流动采用干涉测量法，其工作方式未发生重大变化，但是由于条纹位置与光程长度的关系有所不同，需要对图像处理进行修改。由于流场的密度沿展向方向不均匀，可采用经典的阿贝尔变换进行计算。

11.2.2　马赫 – 曾德尔干涉测量法

经典的干涉测量法是图 11.2 所示的马赫 – 曾德尔干涉测量法。由于普通白光的相干长度非常短，因此这种装置相当精巧。因此，基准光束或反射光束和测试光束或透射光束的光程长度必须在彼此的几个波长范围内。因此，工作段的窗口需要极高光学质量的玻璃。为了解决窗口像差造成的损失，通常会额外增加一对基准光束。

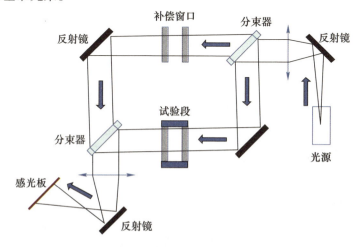

图 11.2　马赫 – 曾德尔干涉测量法的光学装置

11.2.3 全息干涉测量法

由于激光源产生的光波具有较大的相干距离,干涉测量技术得到了极大的简化,从而衍生了可以产生干涉图样的全息技术,干涉图样可采用经典干涉测量法中相同的分析过程进行处理。在全息技术中,基准光束和透射光束是用氦氖或氩激光器产生的。如图 11.3 所示,光束通过针孔膨胀,然后由球面透镜收集,形成平行的光条纹。

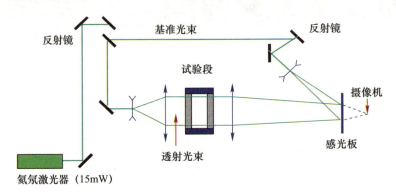

图 11.3 全息干涉测量法的光学装置

未扩展的基准光束经工作段外侧穿过未扰动流场。在工作段外侧,透射的散射光由另一个透镜收集,并投射到高分辨率的感光板上,与同样投射在感光板上的基准光束相互作用,从而产生一个全息图。然后通过感光板显示干涉图样。为了获得干涉图,该过程在不移除感光板的情况下要重复两次:一次是在无流动的情况下,另一次是在有流动的情况下。因此,感光板上记录了两个波:一个涉及均匀场,另一个涉及扰动场。通过将激光照射在感光板上同时重建两个波,从而导致两个全息图之间的干涉。干涉图通过捕获结果图像并以常规的方式进行处理而得到。

由于激光光源保持其相干性的距离延长,因此全息干涉测量法比经典干涉测量法更容易设置。与白光光源相比,基准光束和透射光束的光程长度不需要进行非常精确的调整。此外,试验段的窗口可采用优质的玻璃,而且透镜和其他仪器的价格更实惠。

干涉测量法是研究非常复杂的可压缩流场的有力工具,这些流场很容易受到固体探测器的干扰。它是一种可在较大的实验域或视野范围内提供大量信息的精确技术。然而,在密度几乎保持恒定的分离流中,干涉测量法的应用范围有所减小,而且很难对湍流进行任何测量。在实际应用中,干涉测量法仅限于二维平面流或轴对称流。通过层析成像可扩展到三维流动,但图像重建的设置、操作模式和过程具有挑战性,因此该技术仅在极少数案例中得到了应用。

11.3 光散射机制

光散射是光的粒子特性,允许光波向各个方向反射。散射是在不损失能量的情况下进行的,因此波长保持不变。散射的类型取决于粒子的形式及其大小,以区分瑞利散射、米氏散射和拉曼散射。

(1) 瑞利散射:是一种弹性散射,在假定的球形粒子的直径小于入射波的波长(通常小于 0.1nm)时发生。这种散射或反射在所有方向上都是各向同性的,不会产生任何损失。

(2) 米氏散射:是一种弹性散射,当粒子直径比入射波的波长大几微米时发生。光的反射不是各向同性的,这取决于粒子的形状(球形或圆柱形)及其大小。散射波的强度主要取决于散射角,如图 11.4 所示的米氏散射辐射图。

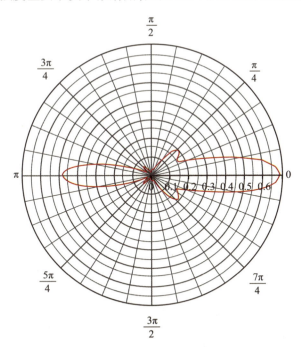

图 11.4　米氏散射辐射图(入射光来自左侧)(来源:维基百科)

(3) 拉曼散射:是瑞利散射的一种非弹性散射,其能量不是恒定的。光子吸收能量与发射能量之间的能量差等于散射物体两种不同能量状态之间的差。第

12 章介绍了拉曼散射在空气动力学中的应用。

11.4 激光多普勒测速仪或风速仪

11.4.1 基本原理

20 世纪 70 年代引入的激光诊断系统使得测量和分析流场成为现实,这对于传统技术而言很有挑战性,有时甚至不可能实现。为了测定平均速度分量和脉动速度分量,使用 LDV 或风速仪(LDA)可以更可靠地探测分离流。LDV 几乎与高性能计算机的使用、高阶数值流动模拟工具的发展、CFD 的诞生同时出现。可以说,流动数值模拟的进展是基于 LDV 测量结果进行稳健、并行模型验证的结果。

LDV 的本质是测量流动输运微粒的速度,并且该速度应与流动的速度相一致。但并非所有类型的流动都满足上述情况,在快速加速或减速的流动中,粒子不能立即将其速度调整到流速,并且粒子必须移动一定的距离才能赶上流动。这种情况会发生在激波的下游,如在超声速喷嘴的扩散区或在高频脉动的流动中。除了后一种情况,无论研究的流动现象有多复杂,LDV 的测量结果都是十分准确、可靠的。

在激光多普勒技术中,激光束分成两束,并使用聚焦透镜使其在某一点相交,从而在相关流动区域内创建一个测量体积,如图 11.5 所示。由于激光束的高度相干性,在测量或探测体积内的两个光束交叉处会产生一个条纹图案。如图 11.6 所示,当粒子穿过该条纹图案时,由于受到较暗或较亮的照明,粒子散射的光强度按频率 f_m 出现,与条纹间距 i 成反比,与垂直于条纹的粒子的速度分量 U 成正比。由于条纹间距由激光光源的光学特性定义,因此 f_m 由接收光学元件捕获,且速度分量的获得公式为

$$U = i f_m \qquad (11-5)$$

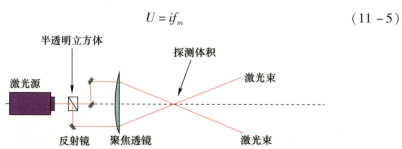

图 11.5 激光束交叉处形成发射部分的干涉条纹

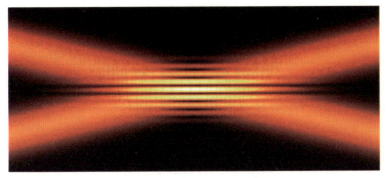

(a) 激光束交叉处产生的条纹图案

(b) 穿过明亮条纹的粒子散射的光

图 11.6　测量体积内的条纹图案(来源:ONERA)

11.4.2　信号分析

　　收集粒子散射的光,并传输到光电倍增管,由光电倍增管将其转换成电子信号。粒子在探测体积内通过时会产生一个信号或更常见的"猝发",如图 11.7 所示。该信号由对应于发射激光束中光的高斯分布的低频分量(基座)组成,而周期信号(包含感兴趣的信息)与高频噪声一起叠加在该低频分量上。假设在流速为 300m/s、条纹间距为 15μm 的情况下,频率 f_m 为 20MHz,猝发的持续时间约为 1μs。因此,面临的主要问题是如何非常精确地测量高频信号(持续时间非常短,并且可能存在噪声)。

　　在进一步分析前,对信号进行高通和低通滤波,以消除低频噪声、背景噪声和高频噪声。此外,还需设置一个最小和最大极限,以消除与大粒子有关的高振幅信号,这些信号不受流动和杂散信号的干扰。目前,已发展多种方法用于提取

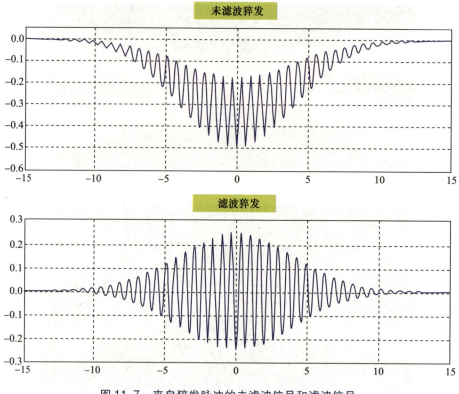

图 11.7　来自猝发脉冲的未滤波信号和滤波信号

信号的频率分量,大多数系统采用的是傅里叶变换方法。

11.4.3　工作模式

将主光束分成两束的元器件和将光束聚焦到探测体积内的透镜称为发射光学元件,而收集散射光的部件称为接收或收集光学元件。当相干光源的波长与粒子直径大小的量级基本一致时,LDV 中发生的光散射过程是基于前文介绍的米氏散射原理。光在波瓣定义的一些优选方向上散射,最强烈的散射发生在与初始光相反的方向上。若光由接收光学元件收集,则 LDV 在前向散射模式下工作;若收集在与透射光相同方向上散射强度稍弱的光,则 LDV 在后向散射模式下工作。粒子散射光的波瓣如图 11.8 所示,图中还显示了另外两个旁瓣,这两个旁瓣与探测体积的轴线对称,并以侧向散射模式收集。前向散射模式下的光强度大约是其他模式的 100 倍。

(1) 在前向散射模式下,接收光学元件安装在发射光学元件(入射光)的对面,而各元件放置在工作段的两侧。这种装置在光学性能方面更为有利,它提供

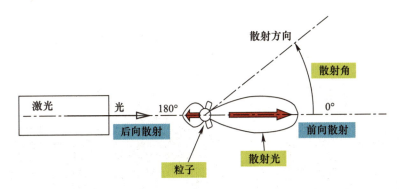

图 11.8 粒子散射光的波瓣

了更高的信噪比,建议用于高速流动测量。

(2)在后向散射模式下,发射和接收光学元件都在风洞的同一侧,且通常安装在同一个集成安装装置内,这使得对准更加容易且使用更为方便。其主要问题是信噪比随流速的增加而恶化,这种模式通常在 300m/s 以内的流速下使用。为了确定速度分量的方向,使激光束通过一个布拉格元件(声光调制器),(在现代系统中,布拉格元件也可用作分束器),并对其中一个光束施加频移。对于固定在空间中的观测器而言,条纹中的振荡对应于速度的偏移频率,$U_r = i \times f_r$。频率f_r的选择应保证基于干涉条纹图案频率 f_m 推导出的相对速度 U_m 始终为正。因此,风洞参照系中的绝对速度公式为

$$U_a = U_m + U_r = i(f_m + f_r) \tag{11-6}$$

甚至在没有反向流动的情况下,也可以使用布拉格元件,因为它可以确保小量级的速度分量不会影响测量的准确性,而且粒子也可以穿过足够多数量的条纹。

11.4.4 多分量测量

可以通过使测量体积内两个不同激光器产生的一对条纹图案相交的方式来测量两个速度分量。在该布局中,共产生了 4 个光束,如图 11.9 所示。每对光束的颜色和波长都有所不同,因此收集光学元件可以分离这两个信号,这是解析两个速度分量的关键过程。在最新的紧凑系统中,与图 11.9 不同的是,这两对光束都可以从同一"束流前部"发射,包括后向散射模式中使用的收集光学元件。为了测量第三个速度分量,需要另一对光束或条纹图案,这通常从二分量束流前部的离轴安装的单独前部传输。6 个光束必须在探测体积内非常精确地相交,因此三分量测量的设置和校准更加耗时。由于测量体积的增加,可采用验证

程序过滤不同粒子通过时产生的信号,确保了3个速度分量都与同一粒子有关,并及时同时解析,这对确定速度波动和湍流量是至关重要的。

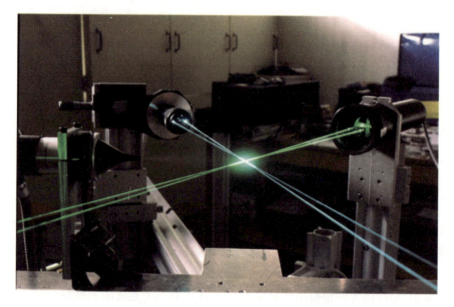

图 11.9　LDV 装置中测量两个速度分量的两对激光束(来源:ONERA)

11.4.5　流动粒子播撒

LDV 测量的可信度通常由验证程序确定,验证程序依赖于流动中播撒或包含的粒子质量和数量。晶种粒子的选择由以下几个因素决定:

(1) 尺寸较小的粒子往往更精确地沿流线路径运动,但散射光的强度较低,因此信号较弱。

(2) 尺寸适中的粒子可以相互黏结,以形成更大的粒子,当粒子偏离实际流线时,会影响测量的准确性,在快速压缩或膨胀的流动中更容易出问题。

(3) 为了进行涉及加热射流的推进研究,粒子需要承受高温而不会自动点燃或蒸发。

(4) 一些用于播撒粒子的产品与 PSP 和 TSP 不兼容。

(5) 就健康和环境影响而言,一些粒子可能对健康和环境产生有害影响。因此,必须确保风洞密封良好并对释放物进行很好的控制。此外,工作人员还需配备适当的呼吸设备,以便长时间工作。

(6) 粒子可能黏附在试验段的窗口上,模糊收集光学元件的信号。这会导致抽样率下降,降低验证的精准度,并增加不确定性。

有几种类型的粒子是常用的,其中一种比较便宜的是熏香。其他粒子包括原子化硅、橄榄油和 DEHS(癸二酸二乙基己酯)。通常需要一个高压雾化器,以及用于高温流动的铝和锌氧化物。此外,对于前文提到的粒子同步问题,可能因为测量位置的不同,由不同的粒子类型引入统计偏差。在回旋流或涡流中,离心力将粒子从其中心抽离出去,导致该区域的粒子浓度很低。分离回流区内的流体动量较低,因此分离流中也会遇到这个问题。在 PIV 测量过程中同样会遇到类似问题,这将在 11.6 节中讨论。

图 11.10 显示了在 ONERA 上使用二分量 LDV 系统获得的一些早期结果,该系统处于模型下游(模型后部,其中心位置有推进射流)。根据底部流动测量结果得出的流线结果如图 11.10(b)所示。

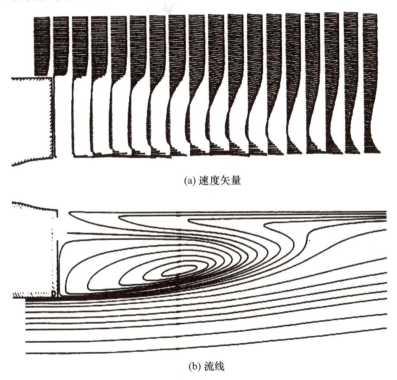

(a) 速度矢量

(b) 流线

图 11.10　带超声速射流的物体下游流场的速度分布(来源:ONERA)

11.5　多普勒全场测速

平面多普勒测速或多普勒全场测速(DGV)是一种类似于 LDV 的基于粒子干涉的流速测量技术。但与 LDV(一种逐点测量技术)不同的是,DGV 可在更大的空间域内解析多个点(几十万个点)上的流速。其基本原理是在以速度 V 移动的粒子所散射的光中,确定多普勒频移 Δf。从图 11.11 可知,若 E 和 R 分别是入射光和观察者的方向,则频移为

$$\Delta f = \frac{1}{\lambda_0} V \cdot (R - E) \tag{11-7}$$

式中:λ_0 为入射光的波长,该关系式表明,Δf 与粒子的速度、入射光的方向和观察方向成正比。

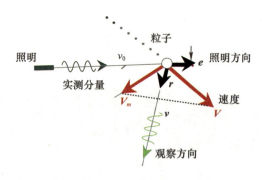

图 11.11　DGV 的光散射示意图

DGV 测量的基本装置如图 11.12 所示,激光片照亮了流动中的相关平面,而且粒子散射的光用基准摄像机跟踪,并由另一台摄像机记录通过具有高吸收线的碘蒸汽室的散射光。由于多普勒效应,使得散射光发生了频移,并且通过碘蒸汽室的透射也发生了变化。这种频率的变化转化为强度的变化,更容易被 CCD 传感器检测到。通过对滤波图像和未滤波图像之间的灰度强度进行后期处理来确定 Δf 值。

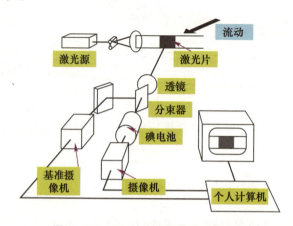

图 11.12　DGV 激光光学元件示意图

基于激光片平面与观察方向之间的夹角,可以确定速度矢量,使用 6 台同步相机可以确定二维流场中的三个速度分量,包括平均和瞬时速度分量。另外,激光片可以绕其轴线旋转,或者使用三个激光片,每个激光片成一个角度,但仅限于测量平均量。

11.6 粒子图像测速仪

11.6.1 平面 PIV 的基本原理

PIV 于 20 世纪 90 年代投入使用,自此成为流体力学研究中最常用的技术之一。其基本原理与 LDV 相似,即流体流动是通过感知被流动对流的人工注入粒子的位移情况来测量的。在其最基本的装置(图 11.13)中,使用 PIV 进行的实验包括一个由照亮测量平面的圆柱杆进行扩展的激光片(约 1mm 厚)。激光在极短的延时内连续脉冲,照亮流动中播撒的示踪粒子。相机垂直于激光片的平面,并记录两个时刻的粒子位移图像。然后对图像进行处理,以确定粒子在二维流场中的位移情况,从而测量激光片平面内的两个速度分量。

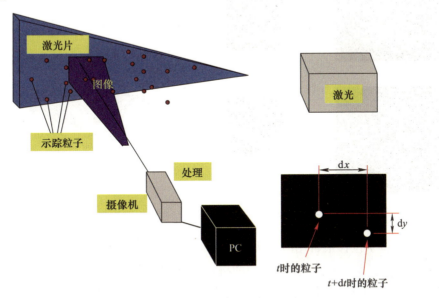

图 11.13　测量两个速度分量的平面 PIV 装置的示意图

测量的质量取决于由流动被动输运的粒子的选择。这种特性可用斯托克斯数进行量化,斯托克斯数是粒子的特征时间(由于阻力影响,粒子速度呈指数衰减的时间常数）与流动的特征时间之比。为了获得高质量、可靠的 PIV 测量，通常建议斯托克斯数为 0.05~0.1。尺寸和粒子类型的先决条件对捕获图像的信噪比有重要影响。在水中，可以使用直径约为 100μm、材料密度与水相同的固体粒子；这些粒子散射了大量的激光。在米氏散射过程中，光的强度与粒子直径的平方成正比（通常大几微米），这保证了更明显的粒子图像不会被背景噪声掩盖。在空气中，粒子播撒是通过天然油或合成油的雾化完成的，粒径约为 1μm；如前所述，金属氧化物用于进行大量传热的流动。

11.6.2 图像处理

由于粒子的微小尺寸，CCD 传感器捕获到的不是放大后的粒子图像，而是透镜上给定孔径大小下因散射光而产生的亮斑（散斑），如图 11.14 所示。在气流中，调节收集光学器件时有一个折中方案，即更大孔径允许透过更多的光，从而获得更高的强度，但会减小斑点的尺寸，反之亦然。为了准确跟踪粒子，斑点至少需要分布在 2~4 个像素上。

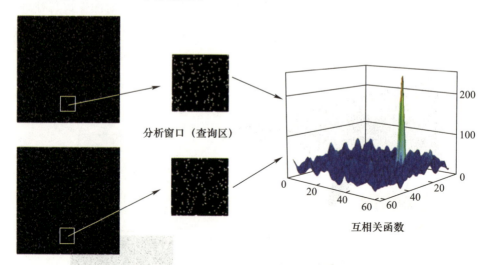

图 11.14　PIV 图像中粒子位移的提取步骤

计算粒子位移最常用的算法是基于确定测量空间分辨率的查询窗口上的统计相关性。然后，通过查询窗口内的斑点的互相关联性来确定相邻斑点内的平均位移，而对于每个图像对来说，这在所捕获的图像模式的全部样本中重复进行。这些位移是指相关函数中具有峰值的位移，该过程见图 11.14，并通过校准方式将位移从像素化转换为空间域。

相关峰值的像素大小约等于粒子的斑点大小。为了准确确定位移情况，建议对峰值进行亚像素插值。这就要求峰底足够宽,以免过度表示位移,其中一种称为峰值锁定的偏差。为了降低这种偏差效应,可以相应地调整孔径开口,也可以使图像稍微散焦。图 11.15(b)是由图 11.15(a)所示的激光片中粒子的原始图像推导出的速度场。

 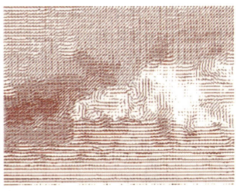

(a) 激光片中的粒子图像　　　　　　(b) 处理后的速度场

图 11.15　PIV 处理结果

PIV 除用于许多其他应用外,通常用于研究复杂分离流中的结构,如产生 30% 以上阻力的汽车尾流中的结构。沿汽车模型下游对称平面的速度等高线,如图 11.16 所示,这些等高线表示从使用 PIV 捕获的大量图像中计算的平均速度流线。

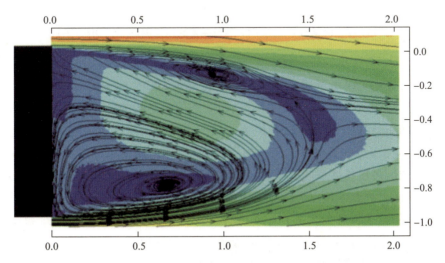

图 11.16　汽车模型下游尾流中的 PIV 测量,显示了平均流向速度的等高线
(来源:PRISME 实验室)

11.6.3 三分量立体 PIV

在 20 世纪 90 年代中期出现了立体 PIV，它能够在光片的二维平面上测量三个速度分量。相对于平面 PIV 的情况，光片略微增厚，以免在两次照明脉冲期间失去粒子对。可视化是通过与激光片平面成一定角度的两台摄像机实现的，经过稍微复杂的对准过程、校准和透视校正，可以确定平面外（垂直于激光片平面）的位移。时间分辨立体 PIV 测量装置的示意图如图 11.17 所示；这是为了研究圆射流产生的混流层内波动结构的动力学。PIV 系统可在约 20kHz 的高频下工作，从而在低速流中进行时间分辨测量，在流速稍快的流动中，可以解析出能量更大的频带进行时间分析。

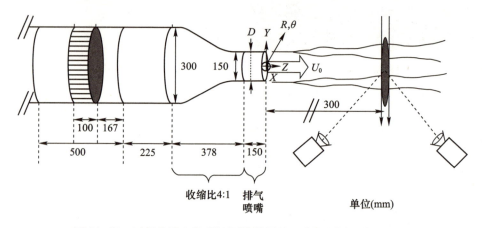

图 11.17　时间分辨立体 PIV 测量装置的示意图（来源：ONERA）

在图 11.17 所示的研究过程中，流动由直径约为 $1\mu m$ 的 DEHS 粒子进行引晶，并通过使用 Laskin 喷嘴生成。流动被波长为 527nm 的 Litron Nd – YLF 激光器照亮，在 2.5kHz 的频率下产生脉冲，每个图像对之间的脉冲延迟为 $60\mu s$。用两台 Phantom V12.1 摄像机捕获相关流域的图像。为了增大光强度，将摄像机设置在前向散射模式（相对于光片的方向）下工作。摄像机配有 Scheimpflug 支架，以补偿因透视角度造成的图像清晰度损失。在进行测量前，通过在与激光片相同的平面上放置一块由等距点组成的校准板来校准摄像机。这有助于将摄像机捕获到的粒子位移的失真（离散）图像转换为激光平面中的实际运动状态。在处理粒子图像时，采用自动校准过程来补偿因校准板与激光片未对准而造成的不确定性，因为将校准板安装在激光片的位置是很有挑战性的。最后，使用统计相关算法获得每 5.4mm 速度矢量的位移场，该值对应于查询窗口的大小。视野的覆盖范围约为射流直径的 1.6 倍（图 11.18）。

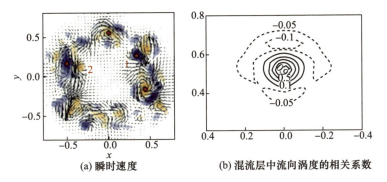

(a) 瞬时速度　　　　　(b) 混流层中流向涡度的相关系数

图 11.18　用三个分量测量专用的立体 PIV 测量圆湍射流混流层中的速度波动 (来源：ONERA)

11.6.4　层析 PIV 或三维 PIV

2000 年中期左右开始出现层析 PIV，以测量三维流场（3D3C）。如图 11.19 所示，该技术使用另一组透镜来增加激光片的厚度，以产生一个使用至少 3~4 个摄像机来捕获流动的体积（10~20mm 宽）。

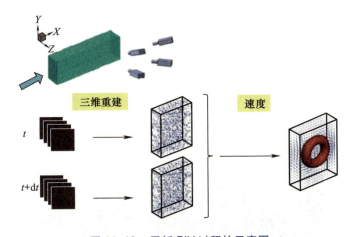

图 11.19　层析 PIV 过程的示意图

在最常见的一种使用模式中，结果处理涉及两个主要步骤；首先是层析重建，它决定了所有时刻三维体元网格中的粒子强度。其次，位移是使用基于三维相关性的算法确定的，该算法使用与平面 PIV 中的像素强度相对的强度体积作为输入值。因此，这就产生了所有三个分量的三维速度场。

这种方法以前已经用于表征标准流，但相对于平面甚至立体 PIV 来说，它的运用还比较微妙。对于相对较小的测量域（10cm×10cm×2cm），校准需要更多的摄像机、支架和横向系统,因此该装置体积庞大,而且需要更多的空间。此外,体积测量的准确性主要取决于示踪粒子的密度,体积强度的重建过程中存在伪峰或重影粒子,因此高浓度会产生大量的噪声。示踪粒子密度过低对于计算相关性或在复杂流动中准确解析最小的长度尺度都是不利的。

11.6.5 粒子跟踪测速仪

粒子跟踪测速仪(PTV)是基于跟踪查询窗口内各粒子在流动中的位移情况。因此,使用了一种粒子跟踪方法,该方法包括基于在某一时刻跟踪其位置的连续图像来测量同一粒子的位移情况(图11.20)。本书建议采用相对较低的示踪粒子密度,但在分离流的气流死水区进行测量可能具有挑战性,因为示踪粒子难以穿透该区域。另外,若晶种密度太高,则噪声水平可能使跟踪示踪粒子变得困难。

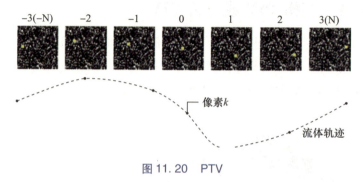

图 11.20　PTV

使用3D-PIV和3D-PTV在低速射流中进行测量的装置如图11.21所示,该装置由4台2048×2048像素的摄像机组成。重建体积包含2239×2909×598≈39亿个体素,图11.22比较了两种技术捕获的速度场。

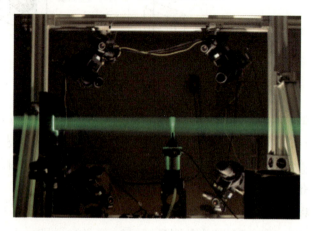

图 11.21　用于低速亚声速射流测量的3D-PIV和3D-PTV装置(来源:ONERA)

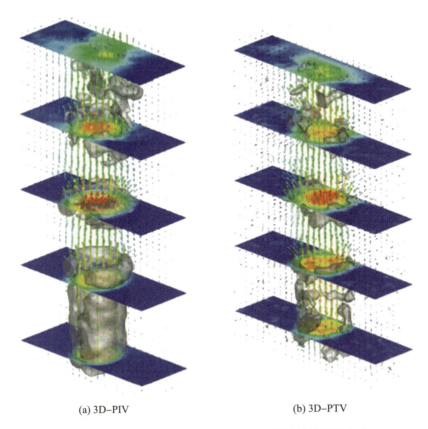

(a) 3D–PIV (b) 3D–PTV

图 11.22　比较使用 3D – PIV 和 3D – PTV 捕获的亚声速射流中的速度场(来源:ONERA)

11.6.6　时间分辨粒子图像测速仪

前文所述的经典 PIV 系统可以捕获瞬时流场,成功捕获的图像可以提供流动中与时间不相关现象的物理信息。在这种情况下,可以对流场进行统计分析,获得均值和 RMS 参量,用于确定雷诺应力张量。但无法及时获得这些现象的演变过程,从而无法获得出现这些现象的频率。

时间分辨 PIV 技术是研究流体在时间和空间上流动机制的一种十分有效的技术,它允许研究流体的时间演化,并提供有关不稳定模式和湍流结构的信息。时间分辨 PIV 需要一个高帧(100k fps)摄像机和一个频率与之匹配的功率更大的激光器。同样地,将图像对关联起来,以提取流速,并获得流场的一个时间序列。在这种情况下,可以推导出流动的动态特性,特别是频域或频谱中的湍流。目前,时间分辨 PIV 的实际极限约为 20kHz。

11.6.7　PIV 与 LDV 的比较：简短结论

当前版本的激光测速仪于 20 世纪 80 年代在风洞和流体力学实验室开始出现。它彻底改变了我们的实验方法，使我们能够在流场中进行速度测量，而无须使用侵入式固体探测器。以前难以测量的分离流区域现在可以量化处理。此外，LDV 可通过雷诺应力张量的测量和更高频带内的流动测量来获取更多的湍流量，该频带曾受到数据采集问题和非常烦琐的信号处理的限制。虽然热线具有较高的频率响应，在某些类型的测量中仍占主导地位，但激光技术正稳步赶上。

基本理念很简单的 PIV 技术在早期的流动可视化中曾因人工处理的劳动强度太大而被一度搁置。光学、电子学、计算资源和数字图像处理方面取得的进展改变了这种情况，在相对较短的时间内快速处理数千幅粒子图像来诊断流动成为可能。这使得 PIV 技术很快就实现了商业化，目前它在许多风洞和流体力学实验室中被广泛使用。

与 LDV 相比，PIV 的主要优势是能够一次捕获整个瞬时速度场。LDV 提供的只是空间上某一点的速度信息，并且需要一个横动过程来解析与 PIV 相似的空间域流动，而横动硬件往往昂贵且笨重。此外，探头必须从一个点移到另一个点，以及流动的时变特性，使得这两个测量值在时间上不具有代表性，因此很难在非定常流动中用以推导相关性。同时，校准所需的成本和代价导致 PIV 优于 LDV。但对于更精细的测量（如边界层横流），LDV 仍然是首选。LDV 允许进行 $100\mu m$ 量级的近壁测量，进入用以观测流动机理的流动区域进行测量是十分重要的。

第12章
激光光谱和电子束激励

12.1 基本原理

20 世纪 60 年代,激光光源的出现极大地推动了气体特性(包括速度)非侵入式原位测量方法的发展。这些方法基于光与物质之间相互作用的物理过程,对产生的现象进行分析,使得可以诊断出组成试验气体的原子和/或分子的特征,如性质、浓度、能级等。虽然这些方法因其复杂性和局限性不常用于空气动力学,但却是研究复杂流动的有力工具。特别是,通过这些方法可以获得组分浓度、局部压力和温度,这对于研究超高温流动或含有化学活性燃烧产物的流动具有重要意义。

激光光谱测量是基于激光束与流体中某些物理参量的相互作用。根据相互

作用的过程,激光要么被特定波长的活性组分吸收,要么被散射。光与物质之间的相互作用可分为三类(图12.1):

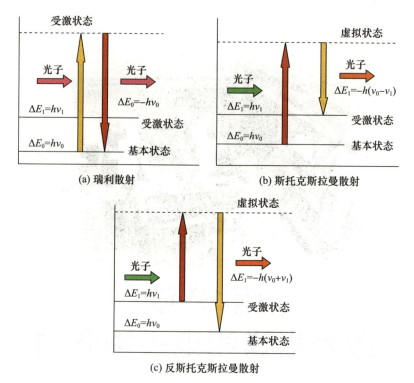

图 12.1 不同的光散射机制

(1) 弹性散射。光瞬间扩散,不与介质分子的内部状态交换能量,入射光子和散射光子具有相同的能量,这是瑞利散射和米氏散射的情况。

(2) 非弹性散射。光根据入射光的波长与介质中的某些分子交换能量,分子吸收了一些能量,因此散射光子的能量比入射光子少,这是吸收、荧光或拉曼效应的情况。

(3) 具有反斯托克斯位移的拉曼散射。分子失去了能量,因此散射光子比入射光子具有更多的能量。

吸收和/或散射现象的特征是有一个有效截面,该截面可以测量吸收或散射过程中的辐射量,截面越大,强度越高,吸收或散射的辐射越多。在这两种情况下,产生的信号强度取决于相互作用的原子或分子能态的粒子数密度。此外,相互作用产生的辐射由相互作用组分的光谱特性及其分子能态决定。因此,可以通过分析发射光的光谱,对用以诊断气体温度和组分局部浓度的粒子数情况进行测量。根据这些主要参数,可使用适当的热力学定律推导出其他热力学参量,如密度和压力,也可采用不太直接的方法得到气体的速度。

某种组分的热力学特性与辐射信号的光谱特性有关,因此测定两个参量(如温度和压力)需要测量至少两个光谱特性。在某些情况下,单个光谱特性的变化足以确定流动的热力学条件。辐射信号的强度是衡量组分浓度(或原子或分子密度)的一种指标。温度通常由原子或分子激发引起的多普勒效应导致的光谱含量的加宽推导出来,这种运动中包含的能量与平移温度的平方根成正比。流动速度由气体整体运动产生的多普勒效应引起的信号中心频率的偏移决定。旋转和振动温度还可以通过信号分析确定。图 12.2 总结了该方法的原理。

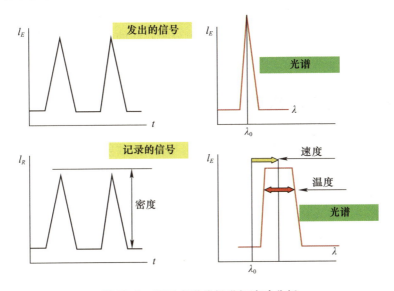

图 12.2 通过光谱分析进行流动分析

激光光谱技术有几个优点。这些技术是非侵入性的,且非常适合热力学参数的测量。选定的大多数组分确实具有良好的空间和时间分辨率,可以描述三维流动。它们不需要向流场播撒可能不以相同速度随流动运动的粒子。另外,它们一般需要搭建复杂的光学通路,其应用通常局限于基础研究设施。

12.2 激光吸收光谱

这项技术将激光束调谐到与选定组分的吸收范围共振的波长。测量穿过试验区光束的衰减量,并用两个或两个以上波长的吸收来确定气体温度和吸收组分密度。这项技术很容易实施,因为它只需要足够的光学通路就能让激光束穿透测量区。产生可检测、可用的信号不依赖于激光器的功率,所以可以使用低功率激光器。因此,光纤可以在内部流动或光学通路不佳(不畅)的区域进行测量。激光吸收技术原则上可以测量气体的组分浓度、温度、压力和速度。

相比之下,该方法缺乏空间分辨率,其测量值表示沿光束路径穿过测量区的整体平均值。这限制其用于沿横向方向的均匀二维流或局部特性可通过阿贝尔变换得到的轴对称流。对于三维流动可以克服这一缺点,但技术的复杂性且成本较高,因此更适合采用其他技术。此外,吸收组分必须有足够的密度,以便在高信噪比下进行准确测量。

在激光吸收方法中,激光二极管吸收技术是对流动温度、速度和浓度进行时间分辨测量的有力工具,在这种情况下,对空间分辨率的要求并不严格。该技术是用红外光束照射待研究气体的截面,利用组分吸收线的多普勒展宽和波长位移来确定平移温度与流速。经过适当的校准,吸收线下方的区域可以测量组分浓度。

12.3 瑞利散射

瑞利散射是通过与气体的弹性辐射相互作用(散射)产生的。激光束的光以与入射光近似相同的频率散射(图12.3)。散射光的强度与气体中所有组分的密度之和(由对应的瑞利散射截面加权)成正比。可通过观察很小的光束区域散射的光或二维光片的散射成像来提高空间分辨率。密度、压力和气体速度可通过测量散射光的强度及其光谱特性来确定。瑞利散射不依赖于晶种材料的光谱共振,因此可能是对流动特性进行局部测量的最简单方法(见12.6节)。气体的所有组分都会散射激光,而激光的波长(原则上)无关紧要。

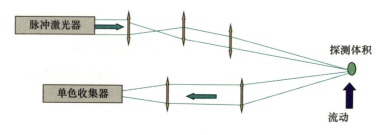

图12.3 瑞利散射用试验台装置

该技术的缺点之一是气体散射的光与其他物体散射的背景光之间无光谱差异,物体可能会照亮测量体积和光学元件。此外,流动截面中不能存在比原子或分子大得多的固体粒子。因此,很难将有用信号与可能具有相等或较大强度的杂散光区分开。散射光的强度与激光波长的4次方成反比,因此在短波长(尤其是紫外线激光器)的情况下进行测量是更为有利的。

12.4　拉曼散射

拉曼散射是一种相互作用,在这种作用中,来自激光束的光被气体以偏离入射光波长的方式弹性地散射。拉曼散射的截面比瑞利散射的截面小得多,这让辐射信号的观察更加困难。利用这项技术,可以确定组分浓度、特定组分振动和旋转过程中的温度以及气体速度。

该方法的原理见图 12.1(b)。当光子撞击分子时,会将一小部分能量传递给跃升到更高能级的分子。当发生去激发现象时,分子会以比入射光子更低的能量发射光子(更长的波长)。这个过程称为斯托克斯拉曼散射。散射光有一个光谱,其频率是分子的主要特征。需要注意的是,辐射信号频率之间的强度分布取决于试验气体中能态的初始分布。因此,对发射光谱的分析是测量这种特定状态下振动和旋转温度的一种手段。组分的浓度由特定窄光谱带中所含的光量决定。

若光子在相互作用中以更短的波长(具有较高的能量)产生,则该过程称为反斯托克斯拉曼散射(图 12.1(c))。这种扩散过程发生在相对数量较少的高能级分子中,因此反斯托克斯拉曼信号比斯托克斯信号更弱。受激拉曼散射的使用缓解了这一缺点(见 12.5 节)。使用任意波长的激光器,可以实现基本拉曼散射或自发拉曼散射。然而,就瑞利散射而言,使用短波长是有利的。经常使用脉冲激光器的原因是可以在小的测量体积内提高功率。拉曼信号的波长不同于激光器的波长,其受散射背景的影响很小。此外,拉曼效应是辐射场引起的相互作用,因此不受猝灭的影响(由原子或分子之间的碰撞而产生的非辐射能量交换,这往往会减少辐射能量,见 9.3 节)。这项技术的主要缺点是信号微弱。此外,激光束在空间上向各个方向散射,通过观察光束某个小区域的信号可以获得空间分辨率。因此,可见波长的自发拉曼散射的效率通常很低(比瑞利散射低 1000 倍左右)。为了消除这一主要缺点,开发出了受激拉曼光谱仪。

12.5　受激拉曼散射

这项技术类似于自发拉曼散射,即散射由第一激光器(即泵浦激光器)产生。该系统包括第二激光器、探测激光器或可调谐斯托克斯激光器,且频率发生偏移,因此泵浦激光器的波长差异与分子的共振频率相匹配(图 12.4)。

这种布置适用于利用反斯托克斯辐射进行测量的 CARS。在这个过程中,气体由泵浦激光器按频率 f_1 照射。拉曼散射由频率 f_2 可调的可调谐探测激光器

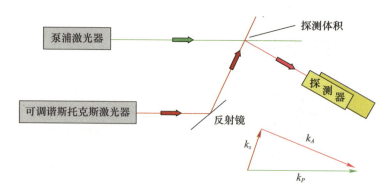

图 12.4　相干反斯托克斯拉曼散射(CARS)分析用试验台装置

激发,使差值(f_1-f_2)等于与分子某种能态有关的频率。共振相互作用在频率f_3处诱导了强烈的反斯托克斯拉曼散射,使$f_3=f_1+(f_1-f_2)$。CARS 的主要优点是散射截面比自发拉曼效应大几个数量级。此外,发射的光位于由入射光束方向确定的优选方向上。因此,与普通拉曼散射相比,能更有效地收集有用的光。通过对 CARS 信号的分析,可以确定组分的性质、浓度、温度等。气体速度可通过多普勒频移来测量。CARS 有几种变体,如用 4 个光束激发所研究分子的两个能级,从而更直接地测定气体密度和温度的双线相干反斯托克斯拉曼散射(DLCARS)。

由于发射信号的强度和高指向性,CARS 广泛用于火焰测量。用于高超声速测量的 CARS 试验台接收部分的布置如图 12.5 所示。图 12.6 比较了马赫数 10 流场中圆柱体前面的密度和温度分布(由 DLCARS 测量并按纳维尔 - 斯托克斯方程计算)。

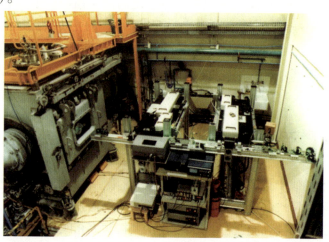

图 12.5　ONERA 默东中心 R5Ch 高超声速风洞接收部分安装的 CARS 试验台(来源:ONERA)

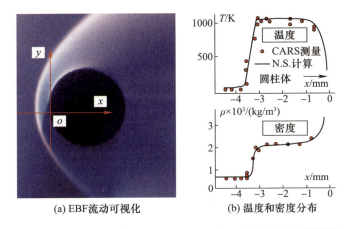

(a) EBF 流动可视化　　(b) 温度和密度分布

图 12.6　ONERA 默东中心 R5Ch 风洞中马赫数为 10 时圆柱体前面进行的 DLCARS 测量(来源:ONERA)

12.6　激光诱导荧光

LIF 与前文所述技术所采用的辐射/吸收过程属于同一类别,但该技术的测量信号是由吸收的能量或荧光在随后自发发射时获得的(图 12.7)。在这个过程中,分子要经过相当长的一段时间才发射,在某些情况下需要几秒,而在其他相互作用中,大多数分子在 8~10s 才发射。由于弛豫时间较长,信号分析必须考虑分子间碰撞(猝灭)对某些组分的非辐射能量传递的影响。这种现象对能量弛豫释放过程产生挑战,从而降低了荧光信号的强度。猝灭取决于组分的温度和浓度。

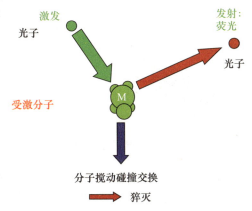

图 12.7　激光或 LIF 诱导的荧光,能量交换

为了实现 LIF,调谐到吸收组分共振波长的激光束必须在辐射跃迁的高能态下激发一小部分这种组分。然后,受激组分在其荧光光谱允许的波长下自发辐射吸收的能量(该能量不会通过其他弛豫途径丢失)。获得空间分辨率的方法是观察激光束某个小区域发出的荧光或激光平面的整个荧光成像。通过分析荧光信号,可以测定组分浓度、气体温度和压力以及流速。

LIF 要求在信号强度、光谱特性和激光可及波长的吸收能力方面存在具有适当荧光特性的组分。组分还必须以一种众所周知的方式与流动进行热力学耦合。在具有化学反应的流动中,大量的反应产物为 LIF 提供了可接受的组分,因此有助于了解推进射流的特性。对于非反应性流体中的空气动力学应用,流动中必须注入低浓度的适当组分(钠、碘、一氧化氮、丙酮等)。其中一些组分具有毒性和腐蚀性,因此应在小型设施中进行有关粒子播撒技术的空气动力学研究,除非使用丙酮。猝灭现象进一步限制了 LIF 在低于大气压的压力条件下的应用。

使用平面激光诱导荧光(PLIF),还可以利用荧光特性获取流动区域的图像(图 12.8)。在该技术中,感兴趣的区域用激光片照亮,荧光图像由包含二维光电探测器矩阵的相机记录。通常用相机记录与某个光谱函数的吸收相关的荧光强度,并使其数字化。因此,可根据所选的函数测定速度、温度或浓度场。

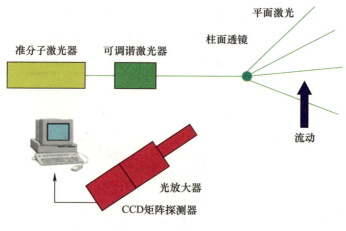

图 12.8　PLIF 的原理

流速由辐射信号的整体多普勒频移推导而出。为了精确测定流速,这种方法需要对小频率变化敏感的测试技术或足够大的流速。为了能够测量低速,可以使用流动标记技术,即通过激光诱导过程标记少量流体。LIF 的弛豫周期较长,因此允许在指定的时间间隔后跟踪下游对流的体积。在对信号的光谱特性无强烈要求的情况下,可利用这项技术测量速度。在该应用中,LIF 优于 LDV 的原因是 LIF 可以测量原子和分子的速度,而 LDV 给出的粒子速度要比气体成分大得多。事实上,LIF 的良好运用仍然是微妙且复杂的。此外,LIF 只能在一定的压力范围内工作。

12.7 电子束-诱导荧光

EBF 是一种非常适合在低密度氮气或空气流动(每立方厘米高达 1015 个分子)中,对密度、振动和旋转温度进行非侵入式局部测量的技术。电子枪产生高能电子束(通常为 25keV),在沿其路径的气体中引发一系列复杂的激发效应,其中一些激发效应在宽光谱范围(从可见光到紫外线)内产生辐射。图 12.9 所示为高超声速风洞试验段安装的电子枪。

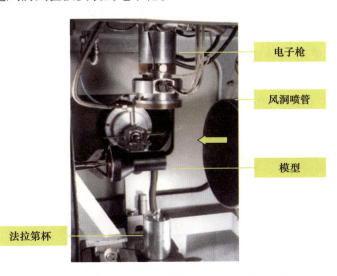

图 12.9 高超声速风洞中安装的电子枪(来源:ONERA)

扫描电子束的层析成像是 EBF 的一个经典应用(见 7.6.2 节)。在该应用中,电子束通过静电板以 50Hz 的重复频率偏转,形成一个观察平面。这项技术是基于穿过流动的电子束所激发的 N_2^+ 离子的形成。几乎立即下降到较低的能态会产生荧光,其强度与气体密度成正比。在高密度下,猝灭破坏了响应的线性。然而,该过程仍可以提供定性信息。摄影记录需要几秒的曝光时间。空间探测器模型 10 马赫绕流流场的 EBF 可视化效果如图 12.10 所示。

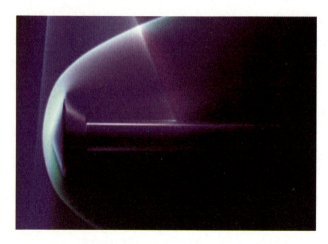

图 12.10　流过空间探测器模型的电子束可视化效果（来源：ONERA）

12.8　电子束诱导辉光放电测量

该技术采用一种微型伪火花电子枪，其目的是测量边界层速度剖面。ONERA 研制的微型伪火花产生了由电子枪发射的强脉冲电子束。光束从模型表面的一个 0.3mm 的孔进入流动中，并沿高压辉光放电路径持续 10ns。放电丝立即通过一根与电子枪出口 100mm 处的流动平行的细金属棒与高压电容器相连。这使得非常明亮的气体丝可以维持几微秒，放电的初始直线路径紧跟流线。在电子枪激活后有一个精确的延时（5μs），快速打开 CCD 相机（250ns），以记录被流动对流的光柱位置。在选定的延迟时间内，由给定点的水平位移推导出局部流速与壁面距离的函数关系。

12.9　通过电子束激励探测 X 射线发射

为了进行密度测量（即使在猝灭的情况下），基于对轫致辐射效应和特征 X 射线的检测，使用了 EBF 的一种变体。这种辐射是由接近原子时减速的电子发出的。该方法的优点是信号瞬间发射，且不表现出碰撞猝灭。通过配备前置放大器的 X 射线传感器对测量点的 X 射线辐射进行准直和检测。图 12.11（a）所示为在扩口式圆柱构型上进行 X 射线测量的电子束。电子束通过模型（经由一根小管），以免电子束撞击金属表面而产生强烈的 X 射线。在激波边界层相互作用区域获得的密度分布与图 12.11（b）中的纳维尔 – 斯托克斯和 DSMC 计算结果进行了比较。

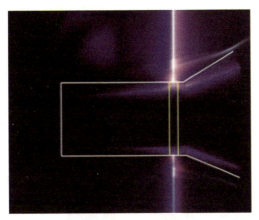

(a) 显示电子束的EBF可视化效果

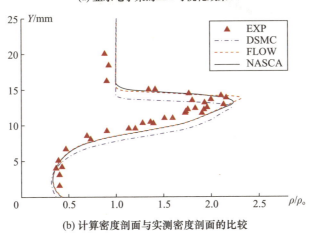

(b) 计算密度剖面与实测密度剖面的比较

图 12.11　在 ONERA 默东中心 R5Ch 风洞中通过探测马赫数 10 流场中的 X 射线辐射进行测量（来源：ONERA）

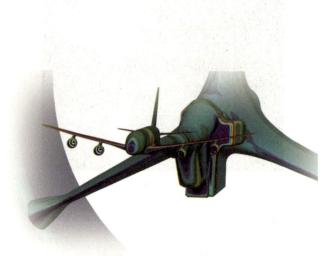

第 13 章
计算机辅助风洞试验与分析

13.1 风洞试验与数值分析

目前在航空领域,风洞试验的目的和目标是多种多样的。它可以纯粹用于高速气动外形优化(如跨声速运输机),方法包括:构思有效的机翼剖面,综合运用结构力学和空气动力学知识以优化内部空间、减轻结构重量、获取气动弹性特性,发展新型可展开翼面以实现低速下的高升力,在飞机达到最大升力系数甚至在发生失速之后仍能完成其飞行性能、机动性和飞行包线的有效控制。在地面车辆领域,风洞试验的目标是通过减少阻力来降低燃油消耗,保证车辆针对测风响应的稳定性,并通过降低气动噪声来提高车内舒适性。

图 13.1 综合列出了飞行试验、风洞试验和数值模拟(CFD)的作用,包括对

物理现象的代表性(相似程度)、气动力测定、流动分析和设计时间周期(范围可能从开发新样机所需要的数年到开展基础 CFD 计算所需要的几分钟不等)。

图 13.1 运载工具(飞机和汽车)设计过程

在 20 世纪 70 年代之前,理论和实验(实验流体动力学(EFD))方法是被用于预测飞行器空气动力学特性的主要手段。此后,由于数值方法和计算机处理器速度取得的重大进展,CFD 在空气动力学预测方面变得越来越重要。现在,我们可以认为 CFD 对空气动力学设计的贡献可与试验相媲美,因此,将 EFD 与 CFD 相结合以改进设计方法渐成趋势。

风洞试验取得了显著发展,这主要得益于 CFD 带来的机遇,以及试验和测量技术的进步。因此,在现今的新型飞机或地面车辆的设计阶段,建立一种 CFD 与试验相结合的策略至关重要。

在实验方法中,选取一组适应现有风洞的试验是一项重要的决定,这些试验需要确保其结果能够为出资方进一步增强项目的可信度。在设计阶段选择合适的风洞试验至关重要,同时随之而来的风洞使用策略则必须是一项以价值和成本为基本依据的管理决策。通过 EFD 与 CFD 的结合,有望进一步提高试验的有效性、准确性和可靠性。此外,该方法还可以在地面试验和 CFD 的基础上,对真实飞行条件下的气动特性开展预测评估。

如第 2 章所述,出于以下原因,风洞试验不同于无限大气中的真实飞行(更多信息,请参见图 13.2):

(1) 试验段的限制、模型支撑的影响及雷诺数的差异。

(2) 几何小尺度细节的丢失。

(3) 动力风扇引起的流动脉动。

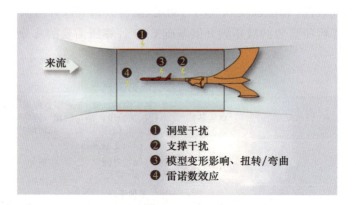

图 13.2　与飞行条件不同的风洞条件

（4）模型在气动载荷作用下的变形。

另外，CFD 的局限性如下：

（1）由于简化的湍流模型、边界层转捩、分离、高超声速流动中的化学反应等引起的计算结果的代表性问题。

（2）生成适体网格所需的时间。

（3）精确、可靠的预测所需的计算时间相对较长。

CFD 在提高精度和扩大应用领域方面取得的进展得益于与实验结果的严格比较。这些比较通常是松耦合的，一边是计算，另一边是实验，没有交互过程。然而，这些比较经常受这些因素的影响，如流动和环境条件的轻微变化、模型的几何外形、风洞运行条件的轻微变化、模型支架的偏转，或者其在气动力作用下引起的变形等。在某些情况下，对实验结果的分析没有考虑试验段的壁面和/或模型支架引起的气动干扰。而为了减少计算成本和时间，计算网格通常也不包括试验段壁面和支架。更难对实验和 CFD 获得的层流到湍流的转捩位置进行比较。实验与模拟之间的这种不一致性增大了定位问题以改进预测方法的难度。

13.2　将 CFD 用于风洞试验准备

在风洞试验段中放入模型时，不仅需要考虑几何约束（如风洞尺寸、模型支架影响等），还要考虑物理因素（模型形状对周围表面空气动力学的影响、噪声等）。因此，为了在制造模型前考虑这些因素，我们用 CFD 来确定模型形状。这有助于识别因模型安装而产生的潜在约束，确保并验证模型相较于真实飞行条件的代表性。这些模拟在有无风洞细节特征(如模型支架和其他侵入式仪器)的情况下都可以实现,并能够专注于完整模型或所关心的飞机特定部件。

此外,对模型周围流动特性的初步了解可帮助试验工程师确定感兴趣的或关键的区域,在测试非常规构型或新构型时尤其如此。因此,CFD 提供了对流动特性的初步评估,从而指导模型上测试仪器的选择和定位。例如,可优化测压孔分布位置,以确保对快速膨胀或激波等非常局部的流动现象进行精确的测量。CFD 还用于估算天平需要测量的载荷和力矩(图 13.3),并有助于选择测量平面,以便使用光学技术(如 PIV 或 LDV)进行详细的流动诊断。为了进行高超声速流动实验,CFD 与热模型之间的多物理耦合可帮助确定用于局部传热测量的热电偶的位置。

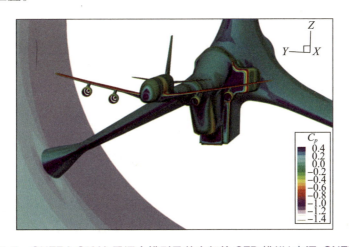

图 13.3 ONERA S1MA 风洞中模型及其支架的 CFD 模拟(来源:ONERA)

13.3 用 CFD 对风洞试验结果进行修正和监测

风洞洞壁和模型支撑会对模型载荷测量和压力分布产生影响,初始计算可以考虑对它们予以修正。同时可以将阻塞效应计算在内,并对雷诺数进行相应的调整(风洞雷诺数内通常比真实雷诺数低得多)。图 13.4 给出了刚性模型从风洞环境外插到实际雷诺数下的真实飞行的方法。

由于可用空间受到很大的限制,同时受环境压力和温度等极端试验条件(不仅仅是可能干扰测量结果的振动)的影响,风洞试验模型的测试是一项复杂的任务。即使其计算结果在绝对值上并不完全可靠,但 CFD 作为一种独立的补充信息源,仍可帮助验证实验结果。即使是定性信息也足以确认或了解试验过

图 13.4 结合试验和计算方法来对模型和支架的壅塞效应进行修正

程中观察到的趋势。

通常,基于实时压力测量结果可以对风洞试验结果进行监测。一个模型上可以布置数百个测压孔,因而其中一些测压孔可能在试验过程中出现故障。故障检测过程可能是一项漫长而艰巨的任务,需要对大量的试验结果进行详细检查。通过对风洞中测得的压力分布进行同步绘制,并与 CFD 结果进行比较,可以更轻松、更可靠地检测错误的测量结果。尽管有大量的测压孔,但压力测量的空间分辨率仍不足以通过积分的方式来准确确定模型特定部件的载荷分布。然而,通过 CFD 可以用更高的分辨率来确定压力分布。即使模拟得到的绝对压力值与风洞测量结果相比略有偏差,但在因缺少测压孔而导致分辨率交叉的区域,CFD 结果也可以用于指导风洞测量结果的内插或外插。总而言之,针对风洞测量得到的粗略结果,CFD 可以实现局部压力分布的进一步细化。

图 13.5 研究了模型支撑对飞机模型上的壁面马赫数分布(根据等熵关系由壁面压力推导得到)的影响,试验在 ETW 中完成。其主要考虑了传统的支杆支撑和经过优化的叶片支撑两种形式,设计叶片支撑的目的是尽量减少机翼和机身尾部流场的畸变。计算结果考虑了来流马赫数及姿态角修正,从而研究了支撑对气动载荷的干扰影响。

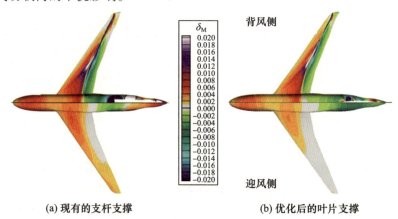

图 13.5 ETW 中模型支撑对马赫数分布的影响(来源:ONERA)

13.4　发展混合风洞

为进一步提高生产效率以及飞行器设计的试验准确性和可靠性,基于实验和数值模拟紧耦合,提出了混合风洞的概念,其能够解决前章所述的问题。它的主要目标包括:

(1) 通过初步 CFD 分析优化试验效率,通过去除不必要的试验状态来缩小试验矩阵,同时还可以借此降低风洞试验期间的风险。

(2) 通过对试验系统进行模拟,确定感兴趣的流动区域,以便进一步开展光学测量。

(3) 分析因封闭试验段中模型及其支撑引起的壅塞效应。

(4) 通过 EFD 和 CFD 结果的准实时比较,整合重要研究结果。

(5) 针对 PIV、PSP、TSP 和 MDM 等方法产生的大量数据,加快数据处理过程。

(6) 优化数值模拟中的各项参数,如湍流模型参数和计算网格参数。

(7) 针对相同条件下的数值模拟结果和试验结果,进行数据库整合,以提高 CFD 预测的准确性。

为了实现上述目标,混合风洞的数据采集和监控计算机系统必须有一个快速 CFD 求解器,其包含用于自动网格生成的鲁棒工具。图 13.6 给出了实现这

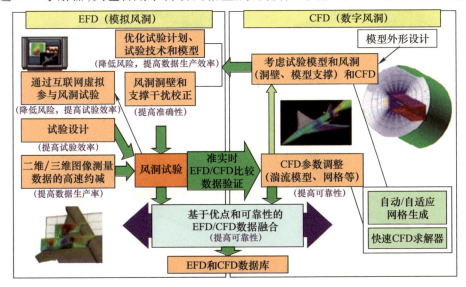

图 13.6　数字/模拟混合风洞的结构(来源:日本宇宙航空研究开发机构(JAXA))

些功能的混合系统的结构。在确定模型的几何外形后,在图右侧的"数字风洞"中,开展包括模型、风洞和支撑在内的预计算。计算结果传送到图左侧的"模拟风洞",即真实风洞。计算结果用于优化模型设计和试验程序。在风洞试验期间,光学测量结果经实时处理并传送给远程用户和风洞团队。这些结果(包括模型变形的测量结果)均被发送到"数字风洞",以便在考虑模型变形的情况下对试验参数进行进一步优化。最终获得在相同的来流条件和边界条件下的风洞试验结果与修正的计算结果。然后综合两组结果并开展数据分析和同化,从而获得空气动力特性的最概然值。

数字风洞可分别对机身、机翼、短舱、吊架和模型支架进行力积分,从而评估模型各个部件的气动力。这样,用户就可根据试验前的预计算结果,检查支撑对各个部件的影响。因此,数字风洞甚至在模型和支撑加工之前就可以评估支撑对模型周围流动的影响。图 13.7 给出了两种支撑的计算网格,图 13.8 给出了通过 RANS 计算获得的模型表面压力分布,对比了两种支撑对整个流场的干扰。用户可根据这些结果选择最佳的支撑方式,而无须制造不同支杆并在成本高昂的风洞试验中研究各支杆的干扰影响。

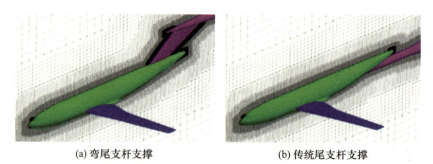

(a) 弯尾支杆支撑　　　　　(b) 传统尾支杆支撑

图 13.7　用于支撑干扰 RANS 模拟的计算网格(来源:JAXA)

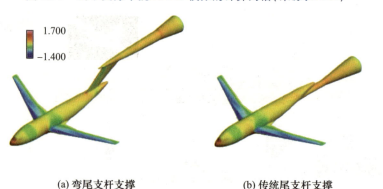

(a) 弯尾支杆支撑　　　　　(b) 传统尾支杆支撑

图 13.8　模型支撑对压力分布的影响(来源:JAXA)

风洞与 CFD 模拟的强耦合也有助于指导 CFD 计算，使其更接近实验条件。例如，计算可考虑气动载荷作用下的模型变形。模型变形可利用立体成像技术，通过跟踪标记来测量得到（见 9.6 节），它可作为 CFD 模型表面网格变形的输入。此外，CFD 不仅能够研究洞壁和支撑干扰，还可以近似模拟自由飞行条件。

13.5 数据重构

在许多应用科学领域的实验中，常面临这样一个事实，即所测变量只能给出事件的稀疏表示，因而很难完整地描述其物理机制。这种数据分辨率的缺乏可能以多种方式呈现。例如，在流体力学中，测量结果在时间或空间上的分辨率常常不够，只包含了流场的部分信息。此外，勘探领域可能会受到测量噪声或数据采集问题的影响。数据重构方法起源于气象学领域，其通过分析大气流动趋势，并根据分布在世界各地的观测站进行的各种测量得到的稀疏数据在时间和空间上进行插值，来达到预测天气的目的。如今，数据重构在流体力学领域变得非常热门，借助它可以通过有限的、有计划的局部测量来对全局流场进行分析。

数据同化包括计算和实验的耦合，其目的是填补实验空白，特别是测量点的分散性和密度不足。数字模拟可采取简单约束的形式（如在插值场遵守不可压缩纳维-斯托克斯方程的约束条件下，在离散的三维向量之间进行内插），或者采用更强大的超分辨率工具（在给定的时间范围内，找到最接近所有可用向量场的数值模拟的初始条件和边界条件）。此外，还有一个重要的研究方向就是从速度测量值开始估算压力场，借助速度分量信息可以计算其梯度，从而完成压力估算。该方法既可以直接适用于低马赫数的流动，也可以通过引入附加假设（如等熵特性），从而适用于可压缩流动。

这项技术的应用方式多种多样，如可通过整个空间域的某一给定时刻来评估整个流动状态（压力、速度、温度等），并预测其在时间上的演变过程。从数学上讲，这属于同一类逆问题，即根据有限的测量结果重建更多信息。针对数据重建发展了几种方法，从简单插值法到更复杂地采用系统控制方程的方法（在流体力学中，采用时间平均或全非定常的纳维-斯托克斯方程）。这一问题解决方法是基于气象学中重点研究参数变分法的。

例如，再来看看可用雷诺平均纳维-斯托克斯方程（RANS 模型）描述的流动，该方程类似于经典的纳维-斯托克斯方程，但针对雷诺应力项引入了相应的模型。该项是一个未知项,也是一个控制参数。通过减少流动实测变量平均值与纳维尔-斯托克斯方程的数值解之间的误差,推导出数据重构算法。该方法可通过改善空间分辨率、扩展流场边界以超过测量范围及对测量中未捕获到的变量进行重构,来提高 PIV 测量结果质量。在这种情况下,同样有必要引入基于不完全分解的本征正交分解(POD)方法,该方法曾成功用于重建丢失的 PIV 图像。

在非定常框架下,数据重构还可以用于噪声滤波,以提高采样不足的 PIV 测量结果的时空超分辨率。在这个框架内,可以使用完全非定常的纳维尔-斯托克斯方程,也可以使用计算时间更少的简化模型。就上一个实例而言,获得优化算法的方法是建立一组微分方程来表示模拟流动与整个可用数据集(即用于重构的时间序列中所有可用图像)之间的充分性,其约束条件是遵守针对模型所选定的控制方程。控制变量通常为模拟中的边界条件和初始条件。

此类方法成功用于各种框架,如在晶种较差的时间分辨 PIV 测量中,其数据的可靠性和准确性依赖于对大量粒子样本的跟踪(见 11.6.5 节)。在过度晶种的 PIV 测量中,数据重构方法允许进行超分辨率的噪声滤波和时空外插。图 13.9 给出了某个给定时刻射流平面内横向速度分量的等值线,将离散的初始

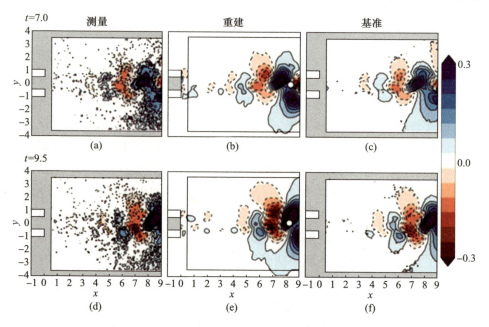

图 13.9 平面射流横向速度分量的瞬时等值线(来源:Leclaire 等)

PIV测量结果与通过纳维尔-斯托克斯方程进行DNS重建的结果进行比较,表明了这种方法的优越性。根据图13.9(a)重构了测量场外缺失的数据,图13.9(b)给出了附加的流动特征。通过数据同化可以测定整个流场的初始条件,以及整个同化序列中喷口内的速度分布。请注意,从图13.9(b)可得知,模拟可以对数据进行外插和有效滤波,这对于通过寻找相关性和对从速度场推导出的变量进行进一步计算来开展分析非常重要。

第14章
空气动力学的前景与挑战

14.1 风洞在设计和优化中的作用

  风洞是航空航天研究专用基础设施的主要组成部分,其贡献和重要性超过了许多其他研发领域所需的实验设施。在缺乏一套完整的工具来设计下一代运载工具的情况下,只能通过联合CFD模拟和风洞试验来完善设计周期,而风洞试验能够代表运行过程中可能遇到的大部分物理现象。这是CFD模拟和风洞试验结果不一致的主要原因——CFD由于边界条件的选择和实际计算时间和成本的限制,仍然无法精确再现或模拟物理特性。

  飞行器:随着CFD模拟和风洞试验通过一种更结构化的方法结合得更加紧密,现代飞行器的设计过程正发生演变。未来的设计过程将侧重于更综合的空气动力学和结构或气动弹性分析,其目的是在不损害安全性的情况下设计更轻的结构。这一趋势增加了对持续性自适应试验设施和高质量测量技术的需求,以开发精度高、性能稳定的模拟工具。

因此,在实验和风洞发挥重要作用的航空航天领域面临的主要挑战如下:

(1)在大型风洞中进行高低速气动声学测量,以评估降噪技术,确保飞行器能够通过认证程序。

(2)在机翼、机身上实现发动机融合,以减少阻力。

(3)验证自然层流或混合层流控制技术的可行性,其能够减少飞行雷诺数下试验的机翼阻力。

(4)控制分离和涡流,以减少流动引起的振动和噪声。

(5)超声速甚至高超声速商用飞机项目的重新启动。

(6)太空栖息地计划的发展对大气层再入提出了新的要求。

然而,主要问题在于航空部门的排放对环境造成的直接威胁。图14.1给出了欧盟对潜在排放源的预测,通过预测可以减少排放量。空气动力学是其中最有前途和影响力的一项,其潜在可减少排放量可达30%。

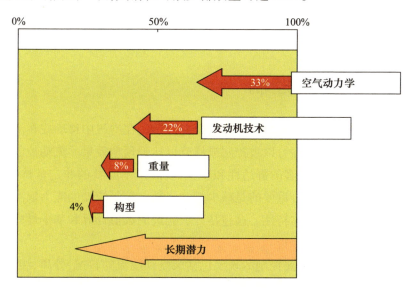

图14.1 减少燃油消耗的潜在来源

地面车辆:对于地面车辆来说,二氧化碳排放标准越来越严格,因此有必要重新考虑使用风洞,这不仅是作为通过安全性要求的手段,也为了通过减少阻力来优化性能,同时风洞还可以用于评估制动器和底盘冷却、挡风玻璃上或发动机附近的雨水流动等。汽车的设计就是在经过风洞试验验证的几项功能之间进行平衡。因此，这些将决定其几何特性，如风洞试验段的大小或是否存在活动地板，若需关于流动物理特性的更多信息，则会影响最大运行速度和来流湍流度。这个折中方案是通过对以往试验结果和数值模拟的分析以及基于经验得出的工程判断来选择的。但由于存在大量的需求和试验工况，很难收敛到最佳的平衡状态。一些较新的风洞，或者随着时间的推移经历过重大发展的风洞，可以对多种需求同时开展测试。例如，位于圣西尔－莱科勒(Saint-Cyr-l'École)的S2A风洞可以同时研究A柱区域(包括后视镜支架)产生的阻力和噪声的影响(见3.3.5节)。另外，一些其他工况无法在风洞中研究，如汽车制动，因为制动器受热时会产生颗粒，破坏风洞的气动声学处理材料。其他的一些需求也无法满足，如雨水可能损坏用于测量气动力的天平。

风洞只能近似模拟路上遇到的真实情况，因此必须不断发展以近似复现这些工况，如高湍流度、脉动风、车辆附近的障碍物(卡车、树木、地形等)。这些挑战一定会激发未来空气动力学家的激情。

空气动力学面临的问题并不局限于此，并且涉及许多学科。交通引起的环境影响的现状引起了广泛关注，推动了绿色航空和汽车工业的发展。在接下来的几年里，空气动力学家应关注流动控制、气动声学和气动外形优化三个主要研究领域。

14.2 流动控制

空气动力学本质上是对流动特性的研究，后来，在空气中移动或在流动空气中静止的机体的流动特性可以被控制或修改以达到预期效果。流动控制的主要目的是提高性能，增加乘客的舒适性和安全性，减少不必要的非定常特性，如振动、噪声、涡流、飞溅等，最重要的是减少燃油消耗。控制流动的能力取决于在非常基础的层面上了解流体特性。这包括开展先进的数值计算和基于最先进的测量技术开展精细的实验分析。

在空气动力学中，需要控制的现象包括层流到湍流的转捩、分离、湍流流动、激波与边界层干扰、流致振动和噪声。

对于飞机巡航状态而言，其表面摩擦阻力几乎占总阻力的一半，因此降低摩擦阻力能够节约更多的能源。通过延缓转捩使边界层保持层流状态可以实现表面摩擦阻力的降低。转捩是一种复杂的流动不稳定现象，需要通过理论和实验研究来确定其影响因素，即环境扰动(湍流度、噪声等)，或者表面条件(压力梯度、表面突起、振动和加热等)。可通过外形调整来增加顺压梯度，以及改善表面质量,从而维持层流边界层流动。维持飞机机翼上的层流状态可能会受到表面缺陷的影响,特别是前缘缝翼或防冰装置连接处的缺陷。一个重要问题是,由于较大的湍流度和背景噪声,很难在传统风洞中评估转捩控制技术的潜在好处(见1.7.1节和5.4节)。

流动控制的第二个目的是延迟或抑制由强逆压梯度、表面不连续(转角和斜坡周围的流动)或激波引起的边界层分离。分离的出现几乎总是会产生不利的后果,如导致压差阻力增加,出现大尺度脉动(机翼抖振)和层流边界层的过早转捩。地面车辆的阻力主要由压差阻力构成,这是由车辆下游分离区域较低的压力造成的(图14.2)。这种阻力对于方背式车辆尤其显著。

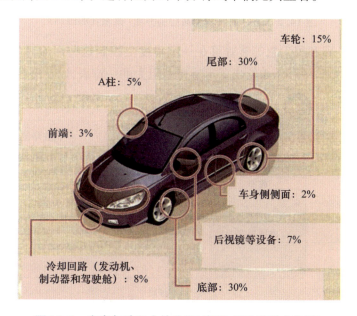

图14.2　汽车气动阻力的分解(来源:标致雪铁龙集团)

分离控制是一个非常活跃的研究课题,其目的是通过重新激发边界层来实现抑制或延迟分离。分离控制可以通过各种过程实现,如车辆外形(如变形,见3.1.10节)、被动式或射流涡流发生器(VG)、局部吸气或吹气、等离子体激励器,但并不仅限于此。类似的过程还用于控制跨声速运输机机翼和发动机进气道或涡轮机的边界层和激波相互作用。图14.3(a)给出了跨声速流动中激波上游安装的旋涡发生器引起的表面流态,图14.3(b)给出了为控制抖振而安装在机翼前缘附近的射流旋涡发生器产生的流场(CFD结果)。

最后但同样重要的是,大型运输机的翼尖涡也是主要的研究对象,因为这对紧跟在后或在涡流尾迹中起降的飞机会构成危险。因此,机翼末端安装的翼梢

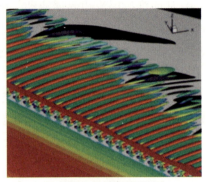

(a) 跨声速流动中的被动式VG　　　　　(b) 机翼上的射流VG(CFD)

图14.3　通过旋涡发生器控制分离(来源:ONERA)

小翼或鲨鳍小翼和翼尖帆等装置可在一定程度上控制这些涡流,但主要是有助于减少升致阻力。图14.4给出了运输机总阻力的一览表,以及潜在的减阻技术及相应的好处。

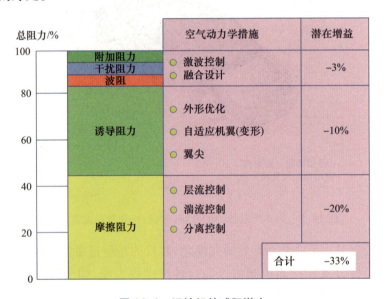

图14.4　运输机的减阻潜力

14.3　气动声学测量的发展

在配有封闭试验段的风洞中进行声学测量的需求越来越大,其重要意义是具备同时进行空气动力学和声学测量的能力。而在封闭流场中进行测量可以不受开口试验段剪切层湍流效应的影响,同样证明了需求的合理性。这要求在试验段壁面上进行传声器测量,因此试验段壁面由高强度材料(如 Kevlar 或金属增强板)制成。

在封闭试验段进行声学测量的另一个问题是未经声学处理的壁面引起的混响或波反射效应,这是通常发生的情况。采用先进的信号处理技术可以隔离这些污染。常用方法是基于使用麦克风网络的波束形成来分离声源,从而从反射源中识别出真正的声源。这种方法的主要限制是需要大量的麦克风来确保良好的空间分辨率,以便进行更精确的指向性测量。测量点是按麦克风阵列固定的,因此分辨率和测量范围取决于麦克风间距和距声源的距离。图 14.5 详述了为确定该方法的有效范围而进行的试验类型,其中电动声源的传播首先在消声风洞中进行表征,然后在配有封闭试验段和刚性壁的风洞中进行表征。

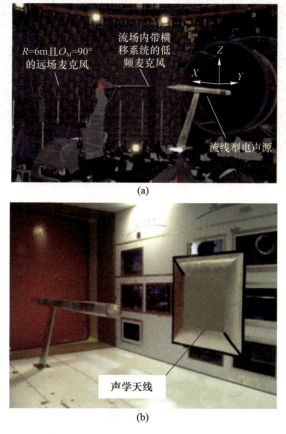

图 14.5　CEPRA19(a)和 F1 风洞非消声封闭试验段的去混响试验(来源:ONERA)

14.4 探索新型飞机结构

本节目标是减少燃油消耗,以减少温室气体排放和噪声污染。空中交通量预计在未来 15 年会翻一番,因此这是一项更大的挑战。目前,正在研究与现有飞机(已过时超过 50 年)相比差异明显的突破性的飞机构型。

在 ONERA 的一项概念研究(CICAV 项目)中,预计 2030—2050 年,飞翼构型将代替 A350 和 A320 NEO 飞机。如图 14.6 所示,飞翼为机翼–机身–发动机融合构型,其目的是减轻约 10% 的重量,并提高 15% 的空气动力效率(升阻比)。

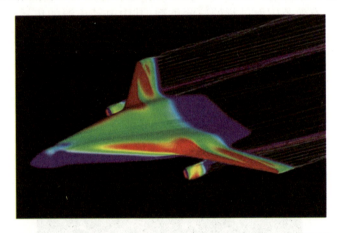

图 14.6　飞翼构型。ONERA 的 CICAV 项目(来源:ONERA)

由 ONERA 领导的民用飞机项目 NOVA 瞄准了目前中程客机(如 A321-200)和短程客机(如 B737-900ER)无法覆盖的飞行范围。其目标航程为 5500km,可搭载 180 名乘客(前排 7 名乘客和双通道),巡航速度为 900km/h(马赫数 0.82)。这个概念在结构上是一个突破,因为它与传统构型有很大的不同,其由复合宽升力体机身组成,具有椭圆形截面和大展弦比机翼,其翼梢小翼朝下,以减少诱导阻力(图 14.7)。

图 14.7　高升力机身构型。ONERA 的 NOVA 项目(来源:ONERA)

这种结构的特点在于嵌入式大型发动机,发动机布置在机身后部,能够吸入上游发展的边界层。边界层进气有助于减少阻力,从而减少温室气体的排放。推进效率随涵道比的增大而增加;然而,由于需要整流罩来降低阻力,机身尾部的体积或横截面往往要小得多,使得嵌入式引擎(特别是边界层吸气式引擎)需要进一步妥协。

ONERA – CEA 的 AMPERE、空客 Vahana、Lilium Jet 和 Ehang 184 等项目正在评估电力推进的潜在好处。这些飞行器用于城市内部或城市间的通勤,最高飞行高度为 3000m,速度约为 250km/h,覆盖 500km 的飞行范围,这比目前大多数民用飞机要小得多(图 14.8)。在某种程度上,它们可以被视为一种空中出租车,因为它们可以在市区起飞和降落,同时运载 4~6 名乘客。此外,它们有望成为无人驾驶飞行器,以提高操作的安全性,并有可能实现垂直起飞和降落。通过实施以下几项关键技术可以看出,所提出概念的体系架构与传统设计截然不同,主要有:

(1) 采用电动螺旋桨的分布式推进。
(2) 适应分布式推进的创新构型。
(3) 混合能源。
(4) 包括能源管理和推力矢量的综合控制。

图 14.8　电动支线飞机的 AMPERE(ONERA – CEA)项目(来源:ONERA)

14.5　超声速和高超声速飞行

即使在"协和号"飞机首飞近 50 年和退役 20 多年后,超声速运输仍然是民用飞机工业面临的主要挑战。"协和号"飞机时代的技术成就是设计一种适合超声速巡航的气动构型,能够在现有的跑道上起飞和降落,并开发能够抵抗马赫数 2 巡航时高滞止温度的材料。设计出具有最佳燃油消耗率且可靠性范围超过 6000km 的发动机也是一个真正的挑战。从那时起,材料科学取得了相当大的进展,包括机体钛合金材料的应用,以及通过使用单晶制造的涡轮叶片来处理发动机中的高温问题。CFD 的能力和大型超声速风洞(如 ONERA 的 S2MA)的维护运行应考虑优化更好的气动构型。大多数有影响力的飞机制造商都有一架概念型超声速运输机,但需要注意的是,这些项目不仅仅是"协和式"飞机的改良版,而且还瞄准了一个不同的市场,即最大载客量不超过 20 名乘客的公务机,并且该市场似乎正获得越来越多的关注。为了在续航时间与航程之间达到最佳平衡,目标巡航马赫数的范围为 1.4~2。

在空气动力性能方面,重要的是弄清机翼流动状态(在巡航条件下可能为层流)。其他挑战包括直接的环境影响,如起飞时的噪声、音爆向地面的传播,以及二氧化碳和氮氧化物的排放。目前已经出台了严格的法规,而且日益增长的减排需求可能阻碍新一代超声速飞机的发展。但是,这也推动了对更具体领域的进一步研究,如音爆现象使得在居住地上进行的超声速飞行被禁止。美国国防高级研究计划局(DARPA)正试图通过研究音爆从飞机到地面的传播以及将音爆强度降至最低的气动构型来解决这个问题(图 14.9)。这项工作还有助于制定一项关于可接受音爆强度水平的规定,并为商业超声速运输机开辟道路。利用风洞试验结果外插来表征和评估飞行中真实音爆的传播及其对地面的影响将是一个新的挑战。

图 14.9　DARPA 的"低音爆"超声速飞机项目

除超声速飞行外,还有一些高超声速飞行器的概念,其航迹受洲际弹道导弹的启发,能够在不到 2h 的时间内完成点对点飞行。随着这些极具未来感的项目的实施,"太空旅游"的概念应运而生,这意味着从其他有人居住的行星返回大气层的次数会明显增加(图 14.10)。这种发展需要进一步升级高超声速风洞,并实现新的发展。

图 14.10　大气再入航天飞机(欧洲验证机 ESA/Alenia Space) IXV 项目
(过渡性试验飞行器) (来源:达索航空公司)

14.6　空气动力学设计的展望

正如本书开头所提到的,CFD 在空气动力学设计中的地位变得越来越重要。这是由于计算能力和数值分析技术的指数级进步,可以解析越来越复杂的理论模型。与此同时,可以接近真实工况条件的风洞正在开发之中,并且现有设施正在配备更先进的模型安装、流场测量和分析方法,这极大地提高了生产率。因此,几十年来,运载器(汽车或飞机)的空气动力学设计一直由相互重叠的阶段组成。

CFD 可在几分钟内计算运载器构型周围的流场,而定义几何外形和生成网格通常比实际计算更耗时。因此,气动设计部门每天可以计算几种构型。甚至还有自动外形优化技术,可根据用户定义的标准在几个小时内产生最佳外形,从而在可能的构型中同时对大量变量进行评估,并根据气动弹性或飞行力学施加的其他约束来进行多学科优化。

然而,CFD 会因其对复杂流动现象近似不足而受到限制。航空领域的竞争正推动更多非常规构型的出现,这些构型无法通过目前由半经验数据库开发和验证的工具集来进行处理;因此,从最初的设计阶段开始,这就是一个真正存在的问题。风洞试验是研究真实环境中流动机理的一种手段,即使风洞条件与开放的无限大气条件并不完全相同。用于设计和优化的风洞试验的主要缺点包括试验持续时间、模型制造和风洞运行的成本,也包括测试仪器的成本。一个风洞试验项目(包括模型制造和风洞试验)的持续时间通常为几个月。若另一组备选构型与基准模型同时制造,则可以缩短其他构型的试验时间,原因是已经制订了试验计划。这些试验案例可能很有用,特别是在接近飞行包线边缘的条件下尤其如此,在这种情况下会遇到复杂的流动现象,而 CFD 对其近似程度仍值得怀疑。

风洞也可以通过其运行成本进行区分。能够复现更接近飞行条件的大型风洞的运行成本很高。用于这些风洞的模型也非常昂贵。出于这些原因,飞机制造商通常使用较小的风洞进行开发试验,这种风洞对真实条件近似程度较为不足,但成本更低。这些风洞是对 CFD 的补充,因为对于它们所提供的试验条件来说 CFD 是最不可靠的。

更接近飞行条件的大型风洞用于在设计阶段后期获取更准确的空气动力性能,或者用于探索在优化过程和巡航条件下运用的新技术,如层流机翼。

CFD 的快速发展常常被误解为会促使风洞加快过时。事实上,如果计算机的处理能力继续以与过去几十年相同的速度发展(每 10 年提高 100 倍以上),那么刚刚开始职业生涯的空气动力学研究人员很可能在几小时内就能对一个完整的飞机构型进行完全的纳维尔-斯托克斯直接数值模拟(DNS)。然而,出于航空业严格的安全要求,同时因为在非常规构型的开发中可能会出现截然不同的边界条件而提出了新的知识需求,完全依靠模拟来开展设计项目风险很大。数值模拟和实验的耦合是一种补充手段,可能提高结果的可信度。因此,风洞并不会消失,而是要不断地发展。

从短期来看,工业风洞试验更注重效率,方法是提高在同一次试验期间获取更多数据和不同测量结果的能力。因此,这意味着:

(1) 结合模型中的传感器和模型表面的同步光学诊断技术(如瞬态 PSP、TSP 和其他的激光光学技术,如 LDV、PIV 等)。

（2）实现模型上一些运动部件(如操纵面)的自动变化,以减少由于模型条件更换导致的风洞运行停止,这需要控制系统的进一步发展。

从中期来看,创新型飞机构型肯定会包含更多的复合推进系统,因此阻力与推力之间的传统划分将不再适用。到那时需要在风洞试验中对推进系统内流开展研究,虽然这已经通过 TPS 实现(见 4.3.2 节),但对于几乎所有的包含完整构型的风洞试验来说是至关重要的。由于模型越来越复杂,其成本越来越高。制造技术特别是加层制造技术(ALM)的发展促使零件进一步微型化,在该领域取得了显著进步。如何减少模型生产周期也是提高生产率所面临的一个挑战。

航空业的快速发展可能使机场数量增加,也可能增加市区附近的夜间航班。认证机构已经实施了严格的噪声法规,因此需要对气动声学进行进一步的研究,以识别气动噪声源,并将噪声控制在可接受的认证水平。这就要求主要风洞设备中的声学信号捕获与处理技术手段需取得进一步发展。

对试验段壁面(外形和/或透气性)进行实时调整的技术能够再现无约束的飞行条件。该技术的推广应用对于跨声速试验尤其有用,可以实现更大尺寸模型的风洞试验(见 4.2.2 节)。

最后,空气动力学家的最终目标是拆除风洞中的模型支架。对于稳定的磁悬浮(见 2.5.2 节)或类似的非接触式系统,是否有足够的动力将模型保持在试验段中心的理想平衡位置?这个概念将使风洞条件更接近飞行条件,并允许进行更真实的瞬态或振荡特性研究,从而使实验和数值方法的耦合设计更加紧密。

数值技术也必须渗透到风洞的物理环境。如第 13 章所述,这两种方法是互补的,且对运载器的优化至关重要,但它们仍然缺乏调和。为什么不设计一个能在控制室进行实时计算的风洞呢?如果完成 CAD 数模是一项与试验时间不相称的任务,但从另一方面来说,CAD 数模的修改及计算结果的返回最快可能要 1h 左右。如第 13 章所述,这种快速数值模拟和后处理的能力在控制与指导实验项目以提高生产率和准确性方面是非常有益的。其中,一些步骤仍然需要同步自动化执行,如快速的形状和变形识别,以及将变形后的外形整合到正在被测试或正在进行计算模型的参考 CAD 数模中。这种已经开展的任务协同仍受到一些限制,这些限制更多的是学术性的,而非技术性的。

14.7 空气动力学与教学

互联网的出现改变了知识的传播形式和教学方法,更不用说由于数值方法的快速发展,越来越多的人可以使用黑箱工具,从而使工程课程得以重新塑造。

这里不是要阐述教育实践的变化细节，而是以一种新颖的方式提高高中生和大学生对空气动力学的敏感性，这也是法国航空航天学会支持的 EOLIA 项目的初衷。EOLIA 风洞由法国航空航天学会普瓦图区域集团发起设计，并在 2005 年建成第一个原型（图 14.11）。2017 年，法国及国外的 23 所学校建造了自己的 EOLIA 风洞。作为其设计核心，以下规范确保了 EOLIA 项目的成功：

（1）模块化，便于风洞的运输。

（2）材料成本且易于加工。

（3）安全性，这样年轻的学生就可以在最少的监督下进行操作。

（4）流场品质适合学术性实验且易于实现。

图 14.11　教学型风洞 EOLIA 的原型

该风洞的设计基于古斯塔夫·埃菲尔在 1912 年所建造风洞。它包括收集口、试验段和装有风扇扩散段的三个主要部分。保留这一原则的目的是保持模块化的特点，且便于组装。收集口是一个由 4 块金属板沿作为加强筋的框架折叠而成的组件。试验段为边长 30cm 的方形截面，长 75cm，为便于安装，由 4 块可拆卸的面板组成，风速可以达到 0~25m/s，风洞全长 3.5m。

已配备的安全设施包括风扇出口处的防护栅栏、考虑自动安全运行速度限制的手动调速装置、符合规定标准的隔离电路和紧急停止按钮。可在试验段进行基本的气动力测量和光片可视化实验。

EOLIA 风洞是一个面向大学生和高中生的教学工具，也可面向公众进行展示，法国航空航天学会致力于提供所有必要的图纸、建议和参考文献以及售后服务，并为相关学校之间的整体动力学学习做出贡献。法国航空航天学会通过这种方法以一种建设性的方式涉足教学领域，并承担其作为航空航天领域标准科学协会的职能之一。

参 考 文 献

Adrian RR, Durão DFG, Durst F, Heitor MV, Maeda M, Whitelaw JH (eds) (1992) Laser techniques and applications in fluid mechanics. In: Proceedings of the 6th international symposium, Springer-Verlag, Portugal, 20–23 July 1992

Boisson HC. et Crausse P (2014) De l'aérodynamique à l'hydraulique, un siècle d'études sur modèles réduits, éditions Cépaduès, ISBN 978.2.36493.093.3, réf. 1093

Chanetz B, et Coët MC (2004) Souffleries aérodynamiques. Encyclopedia Universalis, Cd-rom 10

Chometon F, Gilliéron P (1996) A survey of improved techniques for analysis of three-dimensional separated flows in automotive aerodynamics. SAE Congress, Detroit, Michigan, USA, 26–29 Feb 1996

Cousteix J (1989) Aérodynamique couche limite laminaire. Éditions Cépaduès. ISBN 2854282086, Réf. 100, 1989 ref. 200, 1989

Cousteix J (1989) Aérodynamique turbulence et couche limite. Éditions Cépaduès. ISBN 2854282108, Réf. 200, 1989

Délery J (2008) Handbook of compressible aerodynamics. Wiley

Délery J, Chanetz B (2000) Experimental aspects of code verification/validation: application to internal aerodynamics. VKI lectures series on verification and validation of computational fluid dynamics, 5–8 June 2000

Gilliéron P (2012) Aérodynamique instationnaire. Comprendre la méthode des caractéristiques. Éditions Cépaduès. ISBN 978.2.36493.010.0, Réf. 1010, 2012

Gilliéron P, et Kourta A (2011) Aérodynamique automobile pour l'environnement, le design et la sécurité. Editions Cépaduès. ISBN 978.2.36493.091.9, réf. 1091, 2011–2014

Hoerner SF (1993) Fluid-dynamic drag. Publisher Hoerner Fluid dynamics

Moisy F (2014) Méthodes expérimentales en mécanique des fluides. Master 1 de Physique Appliquée et Mécanique, Université Paris sud, 2014–2015

Pierre M (1995) Développement du centre d'essais de l'ONERA à Modane-Avrieux. Edition ONERA

Rebuffet P (1958) Aérodynamique expérimentale, vol 1, et 2. Dunod, Paris, 1958–1969

Tropea C, Yarin AL, Foss JF (eds) (2007) Handbook of experimental fluid mechanics. Springer-Verlag

推 荐 书 目

Chapter 1: The Experimental Approach in Aerodynamic Design
第 1 章 空气动力学设计中的实验方法

1. Albisser M (2015) Identification of aerodynamic coefficients from free flight data. Thèse de Doctorat de l'Université de Lorraine, 10 juillet 2015.
2. Berner C, Dobre S, Albisser M (2015) Recent developments at the ISL openrange test site and related measurement techniques. In: 66th aeroballistic range association meeting, San Antonio/TX, US, 4 – 9 Oct 2015.
3. Chanetz B, Delery J, et Veuillot JP (2007) Article aérodynamique. Encyclopedia Universalis, édition 2007.
4. Chanetz B (2015) Les souffleries. Article PANORAMA, la Science au Présent 2015, pp 180 – 193.
5. Duncan GT, Crawford BK, Saric WS (2013) Flight experiments on the effects of step and gap excrescences on swept – wing transition. In: 48th 3AF international conference on applied aerodynamics, Saint – Louis, France, 25 – 27 Mar 2013.
6. Giraud M (1982) Rôle du tunnel de tir balistique. Janvier, Revue de la Défense Nationale, pp 117 – 130.

Chapter 2: Wind Tunnels and Other Aerodynamic Test Facilities
第 2 章 风洞和其他空气动力学试验设施

1. Chanetz B, Peter M (2013) Gustave Eiffel, a pioneer of aerodynamics. Int J Eng Syst Modell Simul 5(1/2):3.
2. Theodule ML, Mannoni L, et Chanetz B (2004) Marey, précurseur oublié des souffleries. La Recherche n 380, pp 67 – 71, Nov 2004.

Chapter 3: Subsonic Wind Tunnels
第3章 亚声速风洞

1. Chanetz B, Coët MC, et TENSI J(2010) La Grande soufflerie de Modane. PEGASE, la revue du Musée de l'Air, n 137, juin 2010.
2. Eiffel G(1914) Nouvelles recherches sur la résistance de l'air et l'aviation faites au laboratoire d'Auteuil. In: Dunot H, et Pinat E(éditeurs).

Wind Tunnels of the PRISME Laboratory
PRISME 实验室风洞设备

1. Debien A, Von Krbek KAFF, Mazellier N, Duriez T, Cordier L, Noack BR, ABEL MW, Kourta A(2016) Closed – loop separation control over a sharp edge ramp using genetic programming. Exp Fluids 57:40.
2. Kourta A, Thacker A, Joussot R(2015) Analysis and characterization of ramp flow separation. Exp Fluids 56:104.
3. Muller Y, Aubrun S, Masson C(2015) Determination of real time predictors of the wind turbine wake meandering. Exp Fluids 56:53.
4. Volpe R, Devinant P, Kourta A(2015) Experimental characterization of the unsteady natural wake of the full scale square – back Ahmed body: flow bi – stability and spectral analysis. Exp fluids 56:99.

Wind Tunnels of the ONERA Lille Centre
法国宇航院 Lille 中心风洞设备

1. Atinault O, Carrier G, Grenon R, Verbeke C, Viscat P(2013) Numerical and experimental aerody – namic investigations of boundary layer ingestion for improving propulsion efficiency of future air transport. In: 31st AIAA applied aerodynamics conference, San Diego, 24 – 27 June 2013.
2. Mouton S, Rantet E, Gouverneur G, Verbeke C(2012) Combined wind tunnel tests and flow simula – tions for light aircraft performance prediction. In: 3AF 47th symposium of applied aerodynamics, Paris, 26 – 28 Mar 2012.
3. Pape AL, Lienard C, Verbeke C, Pruvost M, De Coninck JL(2003) Helicopter fuselage drag reduction using active flow control: a comprehensive experimental inves-

tigation. J Am Helicopter Soc 60(3):1.
4. Verbeke C, Mialon B(2014) Naval aerodynamics: State of the art measurement and computational techniques. In:3AF 49th international symposium of applied aerodynamics, Lille, France, 24 – 26 Mar 2014.
5. Verbeke C, Eglinger E, Atinault O, Grenon R, Carrier G, Mialon B, Ternoy F (2014) Experi – mental investigation of the boundary layer ingestion: specificity and challenges. In:3AF 49th international symposium of applied aerodynamics, Lille, France, 24 – 26 Mar 2014.
6. World – Directory(1990) World directory of aerospace vehicle research and development. World – Directory, Washington, DC.

Wind Tunnels of the Institut de Mécanique des Fluides de Toulouse
图卢兹流体力学研究所风洞设备

1. Deri E, Braza M, Cazin S, Cid E, Degouet C, Michaelis D(2014) Investigation of the three – dimensional turbulent near – wake structure past a flat plate by tomographic PIV at high Reynolds number. J Fluids Struct 47:21 – 30.
2. Mockett C, Perrin R, Reimann T, Braza M, Thiele F(2010) Analysis of detached – eddy simulation for the flow around a circular cylinder with reference to PIV data. J Flow, Turb Combust 85(2):167 – 180.
3. Perrin R, Braza M, Cid E, Cazin S, Chassaing P, Mockett C, Reimann T, Thiele F (2008) Coherent and turbulent process analysis in the flow past a circular cylinder at high Reynolds number. J Fluids Struct 24(8):1313 – 1325.
4. Scheller J, Chinaud M, Rouchon JF, Duhayon E, Cazin S, Marchal M, Braza M (2015) Trailing – edge dynamics of a morphing NACA0012 aileron at high Reynolds number by time – resolved PIV. J Fluids Struct 55:42 – 51.

The CIRA Icing Wind Tunnel
意大利航空航天研究中心结冰风洞

1. Bellucci M, Esposito BM, Marrazzo M, Esposito B, Ferrigno F(2007) Calibration of the CIRA IWT in low speed configuration. In:45th AIAA aerospace sciences meeting and exhibit, Reno, Nevada, AIAA – 2007 – 1092,8 – 11 Jan 2007.
2. Esposito BM, Ragni A, Ferrigno F, Vecchione L(2003) Update on the icing cloud

calibration of the CIRA Icing Wind Tunnel. SAE 2003 Transactions, J Aerosp, vol 112, Sec 1, p 47, Apr 2003.

3. Oleskiw MM, Esposito BM, de Gregorio F(1996) The effect of altitude on icing tunnel airfoil icing simulation. In: Proceedings of the FAA international conference on aircraft inflight icing, DOT/FAA/AR - 96/81, II, pp 511 - 520, Aug 1996.

4. Ragni A, Esposito BM, Marrazzo M, Bellucci M, Vecchione L(2005) Calibration of the CIRA IWT in the high speed configuration. In: 43rd AIAA aerospace sciences meeting and exhibit, Reno, Nevada, AIAA 2005 - 471, 10 - 13 Jan 2005.

Wind Tunnels of the PPRIME Institute at Poitiers
PPRIME 研究中心风洞设备

1. Cavalieri AVG, Rodriguez D, Jordan P, Colonius T, Gervais Y(2013) Wave packets in the velocity field of turbulent jets. J Fluid Mech 730: 559 - 592.

2. Jordan P, Gervais Y (2008) Subsonic jet aeroacoustics: associating experiment, modelling and simulation. Invited review. Exp Fluids, vol 44.

3. Koenig M, Sasaki K, Cavalieri AVG, Jordan P, Gervais Y(2016) Jet - noise control by fluidic injection from a rotating plug: linear and non - linear sound - source mechanisms. J Fluid Mech, vol 788.

4. Koenig M, Cavalieri AVG, Jordan P, Delville J, Gervais Y, Papamoschou D(2013) Farfield filtering and source imaging of subsonic jet noise. J Sound Vib 332(18): 4067 - 4088.

5. Laurendeau E, Jordan P, Bonnet JP, Delville J, Parnaudeau P, Lamballais E(2008) Subsonic jet noise reduction by fluidic control: the interaction region and the global effect. Phys Fluids 20: 101519.

6. Laurendeau E, Jordan P, Delville J, Bonnet JP (2008) Source identification by nearfield - farfield pressure correlations in subsonic jets. Int J Aeroacoust 7 (1): 41.

7. Lazure H, Moriniere V, Laumonier J, et Philippon L(2016) Sifflement aérodynamique d'un rétro - viseur. In: 13ème Congrès Francais d'Acoustique, Le Mans, pp. 1891 - 1897[N°000383], 11 - 15 avril 2016.

8. Marchiano R, Druault P, Leiba R, Marchal J, Ollivier F, Valeau V, et Vanwynsberghe C(2016) Localisation de sources aéroacoustiques par une méthode de re-

tournement temporel tridimen – sionnelle. In:13ème Congrès Français d'Acoustique, Le Mans, [N°000353]:1899 – 1905,11 – 15 avril 2016.

9. Maury R, Koenig M, Cattafesta L, Jordan P, Delville J(2012) Extremum – seeking control of jet noise. Int J Aeroacoust 11(3):459.

10. Semeraro O, Jaunet V, Lesshafft L, Jordan P(2016) Modelling of coherent structures in a turbulent jet as global linear instability wave packets:theory and experiment. Int J Heat Fluid Flow, vol 62.

11. Tissot G, Zhang M, Lajus FC, Cavalieri AVG, Jordan P(2017) Sensitivity of wave packets in jets to nonlinear effects:the role of the critical layer. J Fluid Mech, vol 811.

12. Van Herpe F, Totaro N, Lafont T, Lazure H, et Laumonier J(2016) Prédiction de bruit d'origine aérodynamique en moyennes fréquences par la méthode SmEdA. In:13ème Congrès Français d'Acoustique, Le Mans, pp. 1453 – 1459 [N°000374], 11 – 15 avril 2016.

Wind Tunnels of IAT at Saint – Cyr – l'École
航空科技学院风洞设备

1. Hlevca D, Degeratu M, Grasso F(2014) Experimental and numerical modelling of atmospheric boundary layer development in a short wind tunnel. In:3AF 49th international symposium on applied aerodynamics, Lille, 24 – 26 Mar 2014.

2. Hlevca D, Gillieron P, Grasso F(2015) Active control applied to the flow past a backward facing ramp:S – PIV measurements and POD analysis. In:3AF 50th international symposium on applied aerodynamics, Toulouse, 29 – 30 Mar 2015.

3. Joseph P, Amandolèse X, Edouard C, Aider JL(2013) Flow control using MEMS pulsed micro – jets on the Ahmed body. Exp Fluids 54(1):1 – 12.

4. Joseph P, Bortolus D, Grasso F(2014) Flow control on a 3D backward facing ramp by pulsed jets. Comptes Rendus Mécanique 342(6):376 – 381.

5. Noger C, van Grevenynghe E(2011) On the transient aerodynamic forces induced on heavy and light vehicles in overtaking processes. Int J Aerodyn 1(3/4):373 – 383.

The Hydrodynamic Channels of the Haut – de – Frances Polytechnic University
法国工业大学风洞设备

1. Hanratty TJ, Campbell JA(1983) Measurement of wall shear stress. In:R. J. Gold-

stein(ed)Fluid mechanics measurements. Hemisphere Publishing Co.
2. Fourrié G,Boussemart D,Keirsbulck L,et Labraga L (2011)Mesure du frottement pariétal instationnaire autour d'un corps épais 3D par méthode électrochimique. Congrès Francais de Mécanique.

Chapter 4:Transonic Wind Tunnels
第 4 章　跨声速风洞
Wind Tunnel S3Ch of the ONERA Meudon Centre

1. Brion V,Dandois J,Abart JC,Paillart P(2017)Experimental analysis of the shock dynamics on a transonic laminar airfoil. In:7th European conference for aeronautics and space sciences,Milan,Italy.
2. Bur R,Brion V,Molton P(2014)An overview of recent experimental studies conducted in ONERA S3Ch transonic wind tunnel. In:29th congress of the international council of the aeronautical sciences(ICAS),St. Petersburg(Russia),7 – 12 Sept 2014.
3. Le Sant Y,Bouvier F(1992)A new adaptative test section at ONERA Chalais – Meudon. European forum on wind tunnels and wind tunnel test techniques,Southampton University(UK),(ONERA TP n° 1992 – 117),14 – 17 Sept 1992.
4. Molton P,Dandois J,Lepage A,Brunet V,Bur R(2013)Control of buffet phenomenon on a transonic swept wing. AIAA J 51(4):761 – 772. https://doi.org/10.2514/1.J051000.

Chapter 5:Supersonic Wind Tunnels
第 5 章　超声速风洞
Wind Tunnel S8Ch of the ONERA Meudon Centre
法国墨东中心 S8ch 风洞

1. Bur R,Coponet D,Carpels Y(2009)Separation control by vortex generator devices in a transonic channel flow. Shock Waves J 19(6):521 – 530. https://doi.org/10.1007/s00193 – 009 – 0234 – 6.
2. Merienne MC,Molton P,Bur R,Le Sant Y(2015)Pressure – sensitive paint application to an oscil – lating shock wave in a transonic flow. AIAA J 53(11):

3208 – 3220. J053744.

3. Molton P, Hue D, Bur R (2015) Drag induced by flat – plate imperfections in compressible turbulent flow regimes. J Aircraft 52 (2): 667 – 679. https://doi.org/10.2514/1.C032911.

4. Sartor F, Mettot C, Bur R, Sipp D (2015) Unsteadiness in transonic shock – wave/boundary – layer interactions: experimental investigation and global stability analysis. J Fluid Mech 781: 550 – 577. https://doi.org/10.1017/jfm.2015.510.

5. Sartor F, Losfeld G, Bur R (2012) PIV study on a shock – induced separation in a transonic flow. Exp Fluids 53 (3): 815 – 827. https://doi.org/10.1007/s00348 – 012 – 1330 – 4.

Wind Tunnel S8 of IUSTI at Marseille
马赛大学工业热系统研究所 S8 风洞

1. Agostini A, Larchevêque L, Dupont P (2015) Mechanism of shock unsteadiness in separated shock/boundary – layer interactions. Phys Fluids 27 (12): 126103.

2. Debiève JF, Dupont P (2009) Dependence between shock and separation bubble in a shock wave/boundary layer interaction. Shock Waves 19 (6): 499 – 506.

3. Dupont P, Haddad C, Debiève JF (2006) Space and time organization in a shock induced boundary layer. J Fluid Mech 559: 255 – 277.

4. Jaunet V, Debiève JF, Dupont P (2014) Length scales and time scales of a heated shock – wave/boundary – layer interaction. AIAA J, pp 1 – 9, 30 Aug 2014.

5. Schreyer AM, Larchevêque L, Dupont P (2015) Method for spectra estimation from high – speed experimental data. AIAA J, pp 1 – 12, 18 Nov 2015.

6. Souverein LJ, Bakker PG, Dupont P (2013) A scaling analysis for turbulent shock wave boundary layer interactions. J Fluid Mech 714: 505 – 535.

The Quiet Tunnel of Purdue University
普渡大学静风洞

1. Durant A, André T, Edelman JB, Chynoweth BC, Schneider SP (2015) Mach 6 quiet tunnel laminar to turbulent investigation of a generic hypersonic forebody. In: International space planes and hypersonic systems and technologies conferences, 20th AIAA international space planes and hypersonic systems and technologies

conference, Glasgow, Scotland, 6 – 9 July 2015.

2. Schneider SP(2008) Development of hypersonic quiet tunnels. J Spacecraft Rockets, vol 45, no 4, July – Aug 2008.

3. Schneider SP(2015) Developing mechanism – based methods for estimating hypersonic boundary – layer transition in flight: the role of quiet tunnels. Progr Aerospace Sci 72:17 – 29.

Chapter 6: Hypersonic Wind Tunnels
第 6 章 高超声速风洞

1. Chanetz B, Chpoun A, Supersonic and hypersonic wind tunnels. In: Ben – Dor G, Igra O, Elperin T (eds) (2001) Handbook of shock waves, vol 1, Chap 4.5. Academic Press, London, San Diego.

2. Chanetz B, Coët MC, Nicout D, Pot T, Broussaud P, François G, Masson A, Vennemann D (1998) New hypersonic experiment means developed at ONERA: the R5Ch and F4 facilities. In: Pro – ceedings AGARD conference on theoretical and experimental methods in hypersonic flows, 514.

3. Lago V, Chpoun A, Chanetz B(2012) Shock waves in hypersonic rarefied flows. In: Brun R(ed) High temperature phenomena, pp 271 – 298, Springer.

ISL Wind Tunnels
法德圣路易斯研究所风洞设备

1. Gnemmi P, Srulijes J, Seiler F, Sauerwein B, Bastide M, Rey C, Wey P, Martinez B, Albers H, Schlöffel G, Hruschka R, Gauthier T(2016) Shock tunnels at ISL. In: Igra O, Seiler F(eds) Experimental methods of shock wave research. Springer Verlag. ISBN 978 – 3 – 319 – 23745 – 9.

2. Gnemmi P, Rey C(2015) Experimental investigations on a free – flying supersonic projectile model submitted to an electric discharge generating plasma. In:30 international symposium on shock waves (ISSW30), Tel Aviv, Israel, 19 – 24 July 2015.

3. Wey P, Bastide M, Martinez B, Srulijes J, Gnemmi P(2012) Determination of aerodynamic coeffi – cients from shock tunnel free flight trajectories. In:28th aerodynamic measurement technology, ground testing, and flight testing conference, New

Orleans/LO, AIAA Paper 2012 - 3321, 25 - 28 June 2012.

Blow Down Wind Tunnels of the ONERA Meudon Centre
法国宇航院墨东中心暂冲式风洞设备

1. Bur R, Chanetz B(2009) Experimental study on the PRE - X vehicle focusing on the transitional shock - wave/boundary - layer interactions. Aerospace Sci Technol 13 (7):393 - 401, Oct - Nov 2009. https://doi.org/10.1016/j.ast.2009.09.002.
2. Benay R, Chanetz B, Mangin B, Vandomme L, Perraud J(2006) Shock - wave/transitional boundary - layer interactions in hypersonic flow. AIAA J 44 (6):1243.

Wind Tunnels of CIRA at Capua
意大利航空航天中心风洞设备

1. Purpura C, de Filippis F, Graps E, Trifoni E, Savino R(2007) The GHIBLI plasma wind tunnel: Description of the new CIRA—PWT facility. Acta Astronautica 61(1 - 6):331 - 340.
2. Russo G, De Filippis E, Borrelli S, Marini M, Caristia S(2002) The SCIROCCO 70 - MW plasma wind tunnel: a new hypersonic capability. In: Lu FK, et Dan EM(eds) Advanced hypersonic test facilities, AIAA, pp 313 - 351, ISBN 1 - 56347 - 541 - 3.
3. Trifoni E, Del Vecchio A, Di Clemente M, De Simone V, Martucci A, Purpura C, Savino R, Cipullo A(2011) Design of a scientific experiment on EXPERT flap at CIRA SCIROCCO plasma wind tunnel. In: 7th European symposium on aerothermodynamics for space vehicles, Bruges, Belgium, 9 - 12 May 2011.
4. Trifoni E, Purpura C, Martucci A, Graps E, Schettino A, Battista F, Passaro A, Baccarella D, cristofolini A, Neretti G(2011) MHD experiment at CIRA GHIBLI plasma wind tunnel. In: 7th European symposium on aerothermodynamics for space vehicles, Bruges, Belgium, 9 - 12 May 2011.

The HEG Wind Tunnel of DLR at Göttingen
德国宇航哥廷根高焓激波风洞

1. Hannemann K(2003) High enthalpy flows in the HEG shock tunnel: experiment and numerical rebuilding. In: AIAA paper 2003 - 0978, 41st AIAA aerospace sci-

ences meeting and exhibit, Reno, Nevada, 6 – 9 Jan 2003.
2. Hannemann K, Martinez Schramm J, Brück S, Longo JMA (2001) High enthalpy testing and CFD. Rebuilding of X – 38 in HEG. In: 4th European symposium on aerothermodynamics for space vehicles, CIRA, Capua, Italy, 15 – 18 Oct 2001.
3. Martinez Schramm J, Karl S, Hannemann K, Steelant J (2008) Ground testing of the HyShot II, scramjet configuration in HEG. In: AIAA paper 2008 – 2547, 15th AIAA international space planes and hypersonic systems and technologies conference, Dayton, 28 Apr – 1 May 2008.
4. Sagnier P, Vérant JL (1998) On the validation of high enthalpy wind tunnel simulations. Aerospace Sci Technol 7: 425.
5. Sagnier P, Ledy JP, Chanetz B (2001) ONERA wind tunnel facilities for re – entry vehicle applications. In: 3AF 37th symposium on applied aerodynamics, Arcachon, France.
6. Stalker RJ (1967) A study of the free – piston shock tunnel. AIAA J 5 (12): 2160.

Chapter 7: Flow Visualisation Techniques
第 7 章 流动显示技术

1. Chometon F, et Gilliéron P (1994) Dépouillement assisté par ordinateur des visualisations pariétales en aérodynamique. *Compte – Rendu de l'Académie des Sciences*, Paris, tome 319, pp 1149 – 1156.
2. Délery J (2013) Three – dimensional separated flow topology. Wiley.
3. Seiler F (2010) Flow visualization at high atmospheric altitude conditions in a shock tube. In: ISFV14 – 14th international symposium on flow visualization, EXCO Daegu, Korea, 21 – 24 June 2010.
4. Settles GS (2001) Schlieren and shadowgraph techniques: visualizing phenomena in transparent media. Springer – Verlag, Berlin.
5. Smeets G (1990) Interferometry, lecture series 1990 – 05 on measurement techniques for hypersonic flows. von Karman Institute for Fluid Dynamics, Rhode – St – Genèse, Belgium, 28 May – 1 June 1990.
6. Weinstein LM (1991) An improved large – field focusing Schlieren system. AIAA Paper 91 – 0567.

Chapter 8: Measurement of Aerodynamic Forces and Moment
第 8 章 气动力和力矩的测量

1. Amant S(2002) Calcul et décomposition de la traînée aérodynamique des avions de transport à partir de calculs numériques et d'essais en soufflerie, Mémoire de Thèse, ENSAE.

2. Destarac D(1995) Evaluation de la traînée à partir de calculs Euler. ONERA RTS n° 52/3423AY, décembre 1995.

3. Onorato M, Costelli A, Garonne A (1984) Drag measurement through wake analysis. SAE, SP-569, international congress & exposition, Detroit, Michigan, 27 Feb-2 Mar, pp 85-93.

Chapter 9: Characterisation of Flow Properties at the Surface
第 9 章 表面流动特性表征

1. Acharaya M, Bornstein J, Escudier MP, Vorkuka V(1985) Development of a floating element for the measurement of surface shear stress. AIAA J 23(3):410-415.

2. Adrian RJ, Westerweel J(2011) Particle image velocimetry(no. 30). Cambridge University Press.

3. Champagnat F, Plyer A, leBesnerais G, Leclaire B, Davoust S, le Sant Y(2011) Fast and accurate PIV computation using highly parallel iterative correlation maximization. Exp Fluids 50(4):1169-1182.

4. Bouchardy AM, Durand G, Gauffre G(1983) Processing of infrared thermal images for aero-dynamics research. In: 1983 SPIE international technical conference, Genève, 18-22 Apr 1983.

5. Carlomagno G, Luca L(1986) Heat transfer measurements by means of infraredthermograph. In: Fourth international symposium on flow visualization, Paris, 26-29 Aug 1986.

6. Crites RC(1993) Pressure sensitive paint technique. VKI lecture series 1993-05 on measurement techniques, Apr 1993.

7. Gaudet L, Gell TG(1989) Use of liquid crystals for qualitative and quantitative 2D studies of transition and skin friction. In: RAE, Technical Memorandum Aero 2159, June 1989.

8. Le Sant Y, Fontaine J(1997) Application of infrared measurements in the ONERA's

wind tunnels. In: Wind tunnels and wind tunnel test techniques. Cambridge, U. K. ,14 – 16 Apr 1997.

9. Le Sant Y, Merienne MC(2005) Surface pressure measurements by using pressure – sensitive paints. Aerospace Sci Technol 9(4):285 – 299.

10. Liu T(2004) Pressure – and temperature – sensitive paints. Wiley & Sons, Ltd.

11. Mébarki Y, Peintures sensibles à la pression: application en soufflerie aérodynamique. Ph. D. Dissertation, University of Lille 1, Mar 1998.

12. Mébarki Y, Mérienne MC(1998) PSP application on a supersonic aerospike nozzle. PSP Workshop, Seattle, USA, 6 – 8 Oct 1998.

13. Mérienne MC, Bouvier F(1999) Vortical flow field investigation using a two – component pressure sensitive paint at low speed. ICIASF 99, Toulouse, France, 14 – 17 June 1999.

14. Monson DJ(1883) A laser interferometer for measuring skin friction in three – dimensional flow. In: AIAA paper 83 – 0385, Jan 1883.

15. Seto J, Hornung H(1993) Two – directional skin friction measurement utilizing a compact internally – mounted thin – liquid skin friction meter. In: AIAA paper 93 – 0180, Jan 1993.

16. Settles GS(1986) Recent skin friction techniques for compressible flows. In: AIAA paper 86 – 1099, May 1986.

Chapter 10: Intrusive Measurement Techniques
第 10 章　侵入式测量技术

1. Bestion D, Gaviglio J, Bonnet JP (1983) Comparison between constant current and constant temperature hot – wire anemometers in high speed flows. Rev Scientif Instr 54(11):1513 – 1524.

2. Bruun HH (1995) Hot – wire anemometry. Principle and signal analysis. Oxford Science Publications, Oxford University Press.

3. Gaillard R(1990) Development of a calibration bench for small anemoclinometer probes. In: Sym – posium on measuring techniques for transonic and supersonic flow in cascades and turbomachines, Rhodes – Saint – Genèse(Belgium), 17 – 19 Sept 1990.

4. Lomas CG(1986) Fundamentals of hot wire anemometry. Cambridge University Press.

5. Thermal Anemometry(2007)Tropea,Yarin,Foss(eds)Chapitre 5.2 dans Springer handbook of experimental fluid mechanics,Springer.
6. Tutkun M,George WG,Delville J,Foucalt JM,Coudert S,Stanislas M(2008)Space-time corre-lations from a 143 how-wire rake in a high Reynolds number turbulent boundary layer. AIAA paper 2008-4239.

Chapter 11:Non-intrusive Measurement Techniques
第11章 非侵入式测量技术

1. Boutier A(1999)Caractérisation de la turbulence par vélocimétrie laser. In:3AF 35ème Colloque d'Aérodynamique Appliquée,Lille,France,22-24 mars 1999.
2. Boutier A,Micheli F (1996) Laser anemometry for aerodynamics flow characterization. La Recherche Aérospatiale,n 3,pp 217-226.
3. Davoust S,Jacquin L,Leclaire B(2012)Dynamics of m=0 and m=1 modes of streamwise vortices in a turbulent axisymmetric mixing layer. J Fluid Mech 709:408-444.
4. Délery J.,Surget J,Lacharme JP(1977)Interférométrie holographique quantitative en écoulement transsonique bidimensionnel. La Recherche Aérospatiale,n° 1977-2, pp 89-101.
5. Desse J-M(1990)Instantaneous density measurement in two-dimensional gas flow by high speed differential interferometry. Exp Fluids 9(1-2):85-99.
6. Desse J-M(1998)Effect of time-varying wake flow characteristic behind flat plates. AIAA J 36(11):2036-2043.
7. Goldstein R-J(1974) Measurement of fluid velocity by laser Doppler techniques. Appl Mech Rev 27:753-760.
8. Lempereur C,Barricau P,Mathe JM,Mignosi A(1999)Doppler global velocimetry: accuracy test in a wind tunnel,ICIASF 99,Toulouse,France,14-17 June 1999.
9. Meyers JF(1994)Development of doppler global velocimetry for wind tunnel testing. In:18th aerospace ground testing conference,Colorado Springs,CO,AIAA Paper 94-2582,June 1994.
10. Raffel M,Willert C,Wereley S,Kompenhans J(2007)Particle image velocimetry: a practical guide. Springer.
11. Riethmuller ML(1997)Vélocimétrie par images de particules ou PIV. Ecole d'été de l'Association Francophone de Vélocimétrie Laser,Saint-Pierre d'Oléron,22-26

Sept 1997.

12. Roehle I, Wilhert C, Shodl R (1998) Application of 3D doppler global velocimetry in turbo-machines. In: 8th international symposium on flow visualisation.

13. Samimy M, Wernet MP (2000) Review of planar multiple-component velocimetry in high speed flows. AIAA J 38(4): 553.

14. Scarano F (2013) Tomographic PIV: principles and practice. Measurement Sci Technol, vol 24.

15. Surget J, Délery J, Lacharme JP (1977) Holographic interferometry applied to the metrology of gaseous flows. First European congress on optics applied to metrology, Strasbourg, France, 26–28 Oct 1977.

16. Vest C-M (1979) Holographic interferometry. Wiley-Interscience, New-York.

17. Yanta WJ (1973) Turbulence measurements with a laser Doppler velocimeter. NOLTR, vol 73-94.

Chapter 12: Laser Spectroscopy and Electron Beam Excitation
第 12 章 激光光谱和电子束激励

1. Beck WH, Trinks O, Mohamed A (1999) Diode laser absorption measurements in high enthalpy flows: HEG free stream conditions and driver gas arrival. In: 22nd international symposium on shock waves, imperial college, London, U.K., 18–23 July 1999.

2. Gorchakova N, Kuznetsov L, Rebrov A, Yarigin V (1985) Electron beam diagnostics of high tem-perature rarefied gas. In: 13th International symposium on rarefied gas dynamics, vol 2, Plenum Press (eds), pp 825–832.

3. Gorchakova N, Chanetz B, Kuznetsov L, Pigache D, Pot T, Taran JP, Yarigin V (1999) Electron beam excited X-ray method for density measurements of rarefied gas flows near models. In: 21st International symposium on rarefied gas dynamics, Cépaduès (eds), vol 2, pp 617–624.

4. Grisch F, Bouchardy P, Péalat M, Chanetz B, Pot T, Coët MC (1993) Rotational temperature and density measurements in a hypersonic flow by dual-line CARS. Appl Phys B 56: 14–20.

5. Gorchakova N, Kuznetsov L, Yarygin V, Chanetz B, Pot T, Bur R, Taran JP, Pigache D, Schulte D, Moss J (2002) Progress in shock wave/boundary layer interactions

studies in rarefied hypersonic flows using electron beam excited X – ray detection. AIAA J.

6. Gross KP, Mc Kenzie RL, Logan P(1987) Measurements of temperature, density, pressure, and their fluctuations in supersonic turbulence using laser – induced fluorescence. Exp Fluids 5:372 – 380.

7. Hiller B, Hanson RK(1988) Simultaneous planar measurements of velocity and pressure fields in gas flows using laser – induced fluorescence. Appl Opt 27(1): 33 – 48.

8. Kuznetsov L, Rebrov A, Yarigin V(1973) Diagnostics of ionized gas by electron beam in X – ray spectrum range. In:11th international conference on phenomena in ionized gases, Prague.

9. Larigaldie S, Bize D, Mohamed AK, Ory M, Soutadé J, Taran JP(1998) Velocity measurement in high enthalpy, hypersonic flows using an electron beam assisted glow discharge. AIAA J 36(6):1061.

10. Lefebvre M, Chanetz B, Pot T, Bouchardy P, Varghese P(1994) Measurement by coherent anti – sokes Raman Scattering in the R5Ch hypersonic wind tunnel. Aerosp Res(4):295 – 298.

11. Mohamed AK, Pot T, Chanetz B(1995) Diagnostics by electron beam florescence in hypersonics. In:16th international congress on instrumentation in aerospace facilities, Dayton, OH, 18 – 21 July 1995.

Chapter 13:Computer – Aided Wind Tunnel and Analysis
第13章 计算机辅助风洞试验与分析

1. Esteve MJ, Esteve N(2012) CFD/WTT synergy towards an enhanced A/C performance prediction at Airbus. In:3AF 47th international conference on applied aerodynamics, Paris, 26 – 28 Mar 2012.

2. Foures DPG, Dovetta N, Sipp D, Schmid PJ(2014) A data – assimilation method for Reynolds – averaged Navier – Stokes – driven mean flow reconstruction. J Fluid Mech 759:404 – 431.

3. Hantrais – Gervois JL, Piat JF(2012) A methodology to derive wind tunnel wall corrections from RANS simulations. In:5th symposium on integrating CFD and experiments in aerodynamics(integration 2012), JAXA Chofu Aerospace Center, To-

kyo, Japan, 3 – 5 Oct 2012.
4. Watanabe S, Kuchi – Ishi S, Murakami K, Hashimoto A, Kato H, Yamashita T, Yasue K, Imagawa K, Nakakita K(2012) Development status of a prototype system for EFD/CFD integration. In: 3AF 47th international conference on applied aerodynamics, Paris, 26 – 28 Mar 2012.

Chapter 14: Prospects and Challenges for Aerodynamics
第14章 空气动力学的前景与挑战

1. Arnal D (2008) Practical transition prediction methods: Subsonic and transonic flows. VKI lecture series advances in laminar – turbulent transition modelling.
2. Marchiano R, Druault P, Leiba R, Marchal J, Ollivier F, Valeau V. et Vanwynsberghe C(2016) Local – isation de sources aéroacoustiques par une méthode de retournement temporel tridimensionnelle. In: 13ème Congrès Français d'Acoustique, Le Mans, pp 1899 – 1905 [N°000353], 11 – 15 Avril 2016.
3. VanHerpe F, Totaro N, Lafont T, Lazure H, et Laumonier J(2016) Prédiction de bruit d'origine aérodynamique en moyennes fréquences par la méthode SmEdA. In: 13ème Congrès Francais d'Acoustique, Le Mans, pp 1453 – 1459 [N°000374], 11 – 15 Avril 2016.
4. Vermeersch O, Yoshida K, Ueda Y, Arnal D(2012) Transition prediction on a supersonic nat – ural laminar flow wing: experiments and computations. In: 3AF 47th conference on applied aerodynamics, Paris, 26 – 28 Mar 2012.